REISEFÜHRER DURCH DIE ARCHÄOLOGIE YUKATANS

Inhaltsverzeichnis

Einleitung

Im Innern Yukatans ist der Stein lebendig. Dieser dicke Kalkstein, der sich unter der Erde windet und verwandelt, der sich Tropfen für Tropfen in Grotten und Höhlen formt, wartete Millionen von Jahren darauf, an die Oberfläche zu gelangen.

Und erst vor wenigen Jahrhunderten, viele Jahre vor der wiederlangten Erkenntnis einer verlorenen "Mayawelt", begann der harte Stein Yukatans Früchte zu tragen.

Die dafür Zuständigen waren genau die Mayas, Vorfahren derjenigen, die heute im Mestizentum leben. Als Pioniere in vielem und Experten in fast allem auf dieser trockenen Halbinsel, erweckten die präkolumbischen Mayas die Steine zum Leben, damit diese ihrerseits Zeugins von der Existenz jener Weisen auf ihrem Weg durch unsere Welt geben.

Die Mayas holten aus der Erde das Material hervor, welches sie später in Monumente, Zeremoniestätten, Schlösser, Pälaste, Türme und Nischen verwandelten. Es gibt davon eine so grosse Anzahl in Yukatan, dass man die ganze Halbinsel von über 40. 000 Quadratkilometern mit den Spuren de Mayas bedecken könnte. Das Angebot ist für alle vielfältig: für Forscher, Reisende, Neugierige, Wissensdurstige, Touristen, Ökologen, Mystiker und Gnostiker. Yukatan hat das Privileg, einer der Bundesstaaten des Landes zu sein, der die grösste Anzahl an archäologischen Zonen aufweist. Die Halbinsel ist sogar weltberühmt für die monumentalen Bauten, die die antiken Mayas aud diesem Gebiet errichteten.

Es ist wahr, dass Monumente und Schätze der Mayas im gesamten Südosten Mexikos und Mittelamerikas existieren; was diese Zone jedoch so anders macht, ist ausgerechnet ihre Grösse und die Anzahl der Städte und Siedlungen. Man hat hier, Angaben des Nationalen Instituts für Anthropologie und Geschichte zufolge, nicht nur über 1.600 archäologische Zonen, sondern auch 200 Grotten mit den Spuren der Mayas gefunden.

Yukatan ist archäologisch, weil sich seine steinerne Vergangenheit trotz der Unbilden der Witterung aufrecht erhält.

Aufgrund fehlender Flüsse, muss die aus dem Meer aufgetauchte Zone mit denen als "unterirdische Flüsse" bekannten Cenotes auskommen, die ein fast ausschliesslich in Yukatan vorkommendes Naturwunder sind. Die Cenotes sind aufgrund geologischer Prozesse an der Oberfläche freigelegt.

Die Mayas, die zusammen mit den aus Peru stammenden Inkas die am höchstentwickelten Zivilisationen des amerikanischen Kontinents in der Zeit vor der Eroberung ausmachten, gediehen und lebten während einer langen Periode der Blütezeit. Jedoch folgte zwischen den Jahren 600 und 1100 unserer Zeitrechnung eine Etappe der Stagnation und anschliessend im 11 Jahrhundert der Niedergang bis hin zur völligen Dekadenz und Aufgabe, aus letztlich unbekannten Gründen, obwohl Ursachen wie Naturkatastrophen, schwächende Kriege und Überbevölkerung angefürt werden.

Zweifelsohne ist die archäologische Landschaft, die der Besucher im Gebiet der Mayas vorfindet, eine der beeindruckendsten und schönsten, nicht nur Amerikas, sondern der ganzen Welt. Das Geheimnis von Dzibichaltún, die Erhabenheit Edznás oder der Stolz Chichen Itzás teilen ihren Ruhm mit so wunderbaren Orten wie Labná oder Tulum, sowie mit der architektonischen Schönheit und den feinen Nuancen voller Sensibilität wie in Uxmal. So breitete sich die Mayakultur Stein für Stein auf dem yukatekischen Territorium aus. Und so liess sich ebenfalls in jeder Zeremonienstätte und in jeder Stadt das steinige Gelände unter Menschenhand gefügig machen, tauchte auf aus den Eingeweiden der Erde, um die Form anzunehmen, die die Menschen wollten; um sich dann aufzurichten, zu wachsen und bis zum Himmel zu steigen, in Richtung jener Ewigkeit die, sicherlich wie für alle Rassen auf dieser Erde, auch der Traum und das Sterben der antiken Mayas von Yukatan war.

Panoramablick auf Uxmal

DIE ARCHÄOLOGIE YUKATANS

Tizimín
Cancún
amal
El Rey
Ek Balam
Balankanché
San Gervasio
Valladolid
Xcaret
Cobá
Xel Há
Chichén Itzá
Cozumel
Yaxuná
Muyil
Tulum
N
QUINTANA ROO
Karibisches Meer
CHETUMAL

Das grosse Chichén Itzá, dessen Name "Brunnenöfnung der Itzá" (*chi*: Öffnung, Mund, *chen*: Brunnen, *Itzá* aufgrund des sich dort niedergelassen Stammes) bedeutet, wurde ebenfalls die Stadt der "Wasserzauberer" genannt, nachdem das Wort *Itzá* im Dialekt der Mayas als *Cakchiquel* erforscht wurde und es in *itz*: Zauberer und *´a*: Wasser unterteilt wurde.

Chichén war eine der grössten Sädte der Region. Ihr erster Aufschwung erfolgte im Zeitalter der Spätklassik zwischen den Jahren 600 und 900 n.Chr., als die Gebäude im Puucstil errichtet wurden. Danach kamen die Itzá, die Einflüsse der Kulturen der mexikanischen Hochebene mitbrachten. Sie bleiben dort bis etwa zum Jahre 1200 n.Chr.

Die Stadt wurde 435 n.Chr. gegründet. Die Bewohner waren Teil einer antiken Mayagruppe, die noch keine grossen Bauten errichtete. Um das Jahr 900 kam der Stamm der Itzá nach Chichén und führte einen neuen architektonischen Stil ein, der aus kargen Linien ohne die offenkundige Bildhauerarbeit des vorangegangenen Stils bestand. In der Späten Postklassik (1200-1400) wurden die Gebäude des militarisierten, toltekischen Chichén Itzás errichtet, dessen interne Konflikte ab dem 15. Jahrhundert zum Niedergang und völligen Aufgabe führten.

CHICHÉN ITZÁ

Oben: Blick auf das Schloss, vom Ballspielplatz aus
Unten: Ausschnitt des Kriegertempels

Schloss oder Die Pyramide des Kukulkan

Bei dem als eines der beeindruckendsten Gebäude ganz Chichén Itzás und als eines der höchsten und hervorragendsten der gesamten Mayaarchitektur betrachteten monumentalen Schloss handelt es sich um eine 24 Meter hohe Pyramide aus neun abgestuften Teilen, die auf jeder Seite 60 Meter lang ist.

Der Pyramidenkörper weist zwei Strukturen auf, die aus zwei unterschiedlichen Epochen stammen; die ältere ist vollständig von der neueren bedeckt. Die Dekorationsmotive der Fassade stellen Schlangen und Tiger dar, die auf den toltekischen Einfluss hindeuten. Dies weist darauf hin, dass der Bau des Gebäudes in der Blütezeit der Mayakultur erfolgte, als Mayapan die Region beherrschte.

Man glaubt, dass die Pyramide den zivilien Kalender der Mayas darstellt: jede Sufe ist ein Tag des Jahres. Da sich auf

Schloss oder Die Pyramide des Kukulkan

jeder Seite 91 Stufen befinden, ergibt dies, multipliziert mit den vier Seiten, eine Summe von 364, dazugezählt eine die Plattform darstellende Stufe, die 365 Tage eines Sonnenjahres. Es wird daher angenommen, dass dieses Monument zu Ehren des Sonengottes errichtet wurde.

Betrachtet man die Pyramide auf einer einzigen Seite, ergeben die Ecken der übereinanderliegenden Plattformen die Zahl 18, welche den Monaten eines Jahres der Mayas entspricht (18 x 20 = 360). Dazu kommt noch ein Monat mit fünf Tagen.

Die heute dort befindliche Pyramide ist über einer kleineren errichtet, die, wie bereits erwähnt wurde, von ihr völlig bedeckt wird. Diese kleinere ist 16 Meter hoch und kann durch einen engen Gang, zu welchem man von einer Seite der nördlichen Treppe aus gelangt, besichtigt werden. Im Innern des Gebäudes

Licht-und Schattenspiele am Schloss

entdeckte man die Figuren eines Chac Mol, die eines rotbemalten Tigers mit Jadeintarsien, die wahrscheinlich als Thron dienten.

Zweimal im Jahr, am 21. März und am 21. September, sowie an den jeweils vorangehenden und nachfolgenden Tagen, ist das Gebäude der Schauplatz des "von Licht und Schatten" gekennzeichneten Sonnenwendephänomens. An diesen Tagen wirft die Sonne an die Balustrade der nordöstlichen Seite sieben Lichtdreiecke, die sich langsam von oben nach unten bilden, bis sie schliesslich die Silhouette der ca. 34 Meter langen Schlange Kukulkán formen.

Der Ballspielplatz

Der Ballspielplatzkomplex ruht auf einem grossen Platz, auf welchem die Pyramide und die anderen Strukturen stehen. Das Ballspiel war ein gemeinsames Merkmal und der Rahmen eines bemerkenswerten Rituals der Gesellschaften Mesoamerikas. Dort erhielt es den Namen *pokyah* oder *pok ta pok*, der möglicherweise von dem Begriff "ppuctal-ppuctal", was "sich mehrmals hocken" bedeutet, stammt. In Chichén Itzá gab es etwa zehn Ballspielplätze. Der als einer der grössten Mesoamerikas bekannte Hauptplatz befindet sich auf der grossen Plattform. Das Spielfeld ist 146 Meter lang und 36 Meter breit; mitsamt den sich im Norden und Süden befindlichen Tempeln misst es sogar 168 x 70 Meter.

Der Ort hat die Form eines lateinischen "I" und besteht aus einem zentralen Korridor bzw. einem mit Rasen bedeckten Spielfeld, das im Westen und Osten durch zwei parallele, senkrechte Mauern von 95 Metern Länge begrenzt wird.

Die Mauern und eine Art von Sitzreihen, die sich auf beiden Seiten des Feldes befinden, sind mit Flachreliefs dekoriert, die die Bedeutung des Spiels erklären und eine enge Bindung dieses zu anderen Ballspielen an der Golfküste erkennen lassen. Zu Zeiten der Itzá musste während des Spiels ein Mitgleid der gegeneinander spielenden Mannschaften das Spielergebnis mit dem Leben bezahlen: er wurde geköpft.

Der Ballspielplatz

Der Tempel der Jaguare

Dieser von zwei dicken Steinsäulen in gefienderter Schlangenform umstandene Tempel steht auf der östlichen Mauer des Ballspielplatzes. Es wird vermutet, dass er nach dem Bau des Ballspielplatzes errichtet wurde, zwischen den Jahren 100 un 1150 n.Chr.

Der hintere Teil der Mauer ist glatt und senkrecht. Sie endet in einem auf Säulenbalken angebrachten Fries, welcher sich zwischen zwei Streifen ausgemeisselter Tafeln befindet. Die obere Tafel zeigt die welligen Körper zweier gefiederter Schlangen, deren Köpfe sich an den Enden und deren Schwänze sich im Zentrum des Frieses befinden. Zwischen den gewellten Körpern sind Gruppen von kleinen, festgebundenen trommelartigen Säulen zu sehen.

Links: Jaguar im Anbau des Tempels der Jaguare
Unten: Rückseite des Jaguartempels

Der Tempel des Bärtigen Mannes

Dieser Tempel ist wahrscheinlich der besterhaltendste der den Ballspielplatz umgebender Gebäude und der erste in Chichén, bei dem der sogenannte *Talud* (schräge Mauer, die fast senkrecht zum Boden steht) sowie die senkrechte Mauer verwendet wurden. Sein Name stammt von der seltsamen

Der Tempel des Bärtigen Mannes

bärtigen Figur, die hier zu sehen ist. Der Tempel erhebt sich auf auf einem Fundament aus drei abgestuften Teilen, das zusammen mit der Treppe auf einer 14 Meter langen und acht Meter breiten Plattform steht.

Im Innern des Gebäudes befindet sich eine einzige Kammer mit Gewölbedach, von dem eine Tafel ausgeht, auf welcher Kukulkan abgebildet ist, wie er aus dem Schlund einer gefiederten Schlange steigt. Darunter sind die mit Flachreliefs dekorierten Wände zu sehen, die Bäume darstellen, deren Wurzeln in dem als "Monster der Erde" bekannten Untergrund stecken. Die Malereien im Innern bestehen aus vier Figurenreihen, die von dem berühmten "Bärtigen Mann" angeführt werden. Im oberen Teil ist Kukulkan auf einem Jaguarthron zu sehen. Er wird von einer ein Oval bildende gefiederten Schlange eingerahmt und von sieben Kriegern flankiert.

Tzompantli

Der Todeskult, einer der ältesten der Menschheit, ist bei den Mayas mit dieser interessanten Plattform verteten, die als "wahres Monument der Grausamkeit des Krieges" betrachtet wird. Der Name *Tzompantli* bedeutet auf Nahua "Totenkopfmauer". Sie wurde wahrcheinlich während der Herrschaft der Cocomer und ihrer Söldnerkapitäne aus der Hochebene in der zweiten Periode der Militärstadt errichtet.

Um das Jahr 1200 brachten die Bewohner Chichén Itzás auf der Plattform Palisaden aus spitzen Pfählen an, auf die sie, jeweils in Vierergruppen, die blutenden Köpfe ihrer Feinde spiessten. In der Füllung der Plattform fanden Archäologen vergrabene Chac Mol-Figuren sowie Schädel mit Opferbeigaben und einen kaputten Ring des Ballspielplatzes.

Das Fundament der T-förmigen Struktur des Tzompantli stützt drei untereinander durch Vorsprünge getrennte Tafeln, die mit Totenköpfen dekoriert sind. Die sich an den Enden befindlichen zeigen Schädeldarstellungen im Hochrelief; die mittlere ist breiter und weist zwei Reihen von Totenköpfen auf. Insgesamt sind über 500 in Hochrelief gemeisselte Schädel gezählt worden.

Oben: Detail am Tzompantli
Unten: Tzompantli

Plattform der Adler und Jaguare

Die Plattform der Adler und Jaguare

Diese Plattform, die auf ihren Reliefs Menschenherzen verschlingende Adler und Kukulkanköpfe zeigt, die das unbewegliche Schloss zu bewachen scheinen, ist die kleinste der drei den Komplex der "Grossen Nivellierung" bildenden Plattformen.

Es handelt sich um einen viereckigen Bau mit Treppen auf allen vier Seiten, die durch ihre wunderschönen gemeisselten Flachreliefs mit Jaguaren und Adlern hervorsticht. Ebenfalls heben sich die Treppenabschlüsse ab, die die Form gefiederter Schlangenköpfe haben und auf jeder Seite aggresiv herausstechen. Man vermutet, dass auf diesen in einer früheren Zeit Fahnenträger in Form von Jaguaren standen. Auf dem

Fundament der Plattform steht eine senkrechte Mauer mit hervorspringenden Paneelen und eingesunkenen Teilen. In die hervorspringende Paneele meisselten die Mayakünstler Adler- und Jaguarfiguren ein. Erwähnenswert sind ebenfalls zwei interessante Datails: aus dem Schnabel der Adler entweichen einige Spiralen, die als Symbol der Sprache betrachtet werden; die Jaguare ihrerseits weisen Fellflecken in Blumenform auf.

Die Venusplattform

Dieses quadratische Monument ist 24 Meter lang, vier Meter hoch und weist auf jeder Seite eine Treppe auf. Die sich etwa 100 Meter nördlich des Schlosses befindliche Plattform erhielt ihren Namen wegen der in die Ecken eingemeisselten Sterne, die als der leuchtende Planet Venus ausgelegt werden. Die Struktur besteht aus einem Schrägbau (Talud) und einem senkrechten Abschnitt mit hervorsprigenden Paneelen und eingeschobenen, eingesunkenen Zwischenräumen. Ein Obersims schliesst den Komplex ab. Auf den hervorstehenden Paneelen befinden sich die erwähnten Flachreliefs, die den Planeten Venus zeigen, der als halbe Blume dargestellt ist und von der Figur einer geflochtenen Matte (*pop* auf Maya) als Machtsymbol umgeben ist. Ebenfalls präsent ist Kukulkan, der aus dem Schlund einer gefiederten Schlange mit Jaguarklauen steigt. Die Flachreliefs aus Stein zeigen noch Reste von roter, blauer und gelber Farbe, die die Umrisse der Abbildung des Morgensterns oder Bienensterns schmückten; eine der von den prähispanischen Menschen am meisten verehrte Darstellung des Kukulkan-Quetzalcoatl. Dieselbe Figur schliesst die Treppenbalustraden mit Tafeln am Obersims ab. Diese zeigen sich bewegende gefiederte Schlangen mit Fischen zwischen den gewellten Körpern.

Die Venusplattform

Der Tempel der Krieger

In Anbetracht der enormen Wichtigkeit des militarisierten Geistes der Erbauer Chichén Itzás hat dieser Tempel, der Teil des "Tausend Säulen"-Komplexes ist, eine grosse Ähnlichkeit mit den toltekischen Bauten, vor allem mit dem *Tlahuzcalpantecutli* von Tula. Hierbei handelt es sich um einen Tempel mit harmonischen Proportionen, der eine Vorhalle mit über 100 Pfeilern aufweist und von manchen als "der von Quetzalcóatl" bezeichnet wird.

Die Struktur, mit deren Restaurierung 1925 begonnen wurde, gilt als eine der schönsten Chichén Itzás. Sie besteht aus einem pyramidenförmigen Fundament aus vier abgestuften Teilen, deren schräggebaute Mauern mit Tafeln abschliessen, von denen drei mit Kriegern, Adlern und Menschenherzen verschlingende Jaguaren dekoriert sind. Die äussere senkrechte Mauer ist mit Motiven geschmückt, bei denen, von allem bei der Darstellung von zwei Gottheiten, Maya- und

Oben: Chac Mool im Tempel der Krieger
Unten: Der Tempel der Krieger

Toltekenelemente vermischt sind. Beim ersten handelt es sich um Masken des Gottes Chaac und beim zweiten um den aus dem Schlund einer gefiederten Schlange steigenden Kukulkan. Im oberen Teil besteht der Tempel aus zwei grossen Säälen; der erste weist eine durch Pfeiler (mit dem Abbild Kukulkans) dreigeteilte Tür aus Maueröffnungen auf. Diese Pfeiler trugen ein Dach in Gewölbeform. Eine Öffnung in der Wand verbindet den Saal mit der hinteren Kammer, einem Altarraum. Im Innern sind acht Pfeiler aus Stein und im Hintergrund ein Tisch oder Alter aus an die Mauer angebrachten Steinplatten zu sehen, der von kleinen Kriegerstatuen getragen wird.

Der Tempel der Grossen Tische

Dieser neben dem Tempel der Krieger stehende Tempel erhielt seinen Namen von den aufeinanderliegenden Ebenen, die ihm das Aussehen von kleinen Tischen verleihen. Es handelt sich um eine kleine Pyramide mit vier Ebenen, die ursprünglich in einem Tempel mit einem Säulengang, aus zwei Schlangensäulen bestehend, endete.

Obgleich sie nicht vollständig erhalten ist, ist heutzutage noch die erste in Stein gearbeitete und gegenüber der zum Tempel führenden Treppe auf dem Boden stehende Friesebene zu sehen, die eine Jaguarprozession zeigt, zwischen welcher Bäume und Lanzenbündel eingeschoben sind. Auf der zweiten Ebene ist eine gefiederte Schlange eingemeisselt.

Ebenso wie das Schloss, der Tempel der Krieger und der der Jaguare, der Platz der Tausend Säulen, der Tzompantli, die Venusplattform und der Ballspielplatzkomplex, wurde dises Gebäude unter dem Einfluss der Tolteken in Chichén Itzá erbaut, d.h. zwischen 900 und 1200 n. Chr.

Tempel der Grossen Tische

Der Platz der Tausend Säulen

Bei dem zwischen den Jahren 900 und 1200 n.Chr. erbauten Platz handelt es sich um eine grosse, rechteckige Fläche, die ca. 150 Meter auf jeder Seite misst. Eine der Hauptsektionen ist die nordwestliche Kolonnade, eine rechtwinklige Struktur, die vorne errichtet wurde. Auf der westlichen Seite sieht man die Überreste von vier Kammern, deren Wände ein Schrägfundament aufweisen. Zwei von den Räumen wurden zur Stützung des zweiten Stockes, von welchem allerdings gerade noch das Mauerfundament erhalten ist, aufgefüllt.

Platz der Tausend Säulen

Man vermutet, dass die Säulen diese Gebäudes mit Stuck bedeckt und in verschiedenen Farben bemalt waren. Sie trugen ausserdem einen Fries aus Chaacmasken und Rundschildern. Eine Reihe wird von 16 Pfeilern gebildet, mit Ausnahme der vorderen, die lediglich 15 aufweist, jedoch 50 Meter lang ist. Die Höhe beträgt zur Zeit etwa drei Meter, wobei dies dem Pfeilerabstand untereinander entspricht. Die älteste der Kolonnaden ist wahrscheinlich die westliche, die gleichzeitig auch eine der grössten ist. Auf 129 Metern Länge stehen in Viererreihen zylindrische Säulen ohne Kapitelle, die wohl einmal tiefliegende Gewölbedächer trugen.

Der Markt

Der Markt

Es ist schwer zu sagen, ob dieses Gebäude ausgerechnet zu diesem Nutzen gedacht war. Sein Anblick jedoch lässt es vermuten: es besteht aus einer 80 x 15 Meter grossen Plattform, die ein Viereck aus Rundsäulen aufweist, die sich mit Pfeilern abwechseln, welche ursprünglich ein Gewölbedach trugen. Zum Markt gehört ebenfalls ein 17 Meter langer Innenhof, auf dem 24 Säulen stehen, die die höchsten der Zone sind.

Dieses Gebäude, welches ebenfalls zur zweiten Periode der Militärstadt (zwischen 1200 und 1350 n.Chr.) gehört, weist in der Nähe des Haupteingangs des Säulengangs eine angebaute Plattform auf, die Ornamente aus gefiederten Schlangen und einige Vorsprünge zeigt. Auf dem Fundament ist eine Kriegerprozession zu sehen.

Allem Anschein nach trugen die Säulen ein Dach aus verderblichem Material. Genau wie bei den Tausend Säulen glaubt man, dass die restaurierten Friese des Marktes weniger bedrohlich wirken als die Jaguare und Tiger des Tempels der Krieger. Deshalb wird vermutet, dass die Funktion der Gebäude in dieser Zone von einer zeremoniellen zu einer auf Nutzen bedachten wechselte.

Die Kirche

Die Kirche

Die sonderbare Form dieses Gebäudes, Beispiel des reinsten Puucstils, erinnerte die Entdecker an die christlichen, europäischen Gotteshäuser. Aufgrunddessen wurde es auf den Namen "Die Kirche" getauft. Es befindet sich zudem in nächster Nähe des als Nonnenkloster bezeichneten Komplexes.

Das als eines der schönsten der sogenannten "Zentralgruppe" Chichén Itzás betrachtete Gebäude wird von einer über einen halben Meter hohen Plattform getragen. Seine Form ist quadratisch und das Dach, das einen gewölbten Raum bedeckt, schliesst mit einem Zackensims ab. Der Hauptcharme des Gebäudes liegt darin, dass die Dekoration, anstatt nur die Front zu schmücken, die gesamte Konstruktion verschönt.

Die Kirche zeigt, ebenso wie an der Fassade und der Rückwand, eine Reihe krummnasiger Masken an den vier Ecken. Dazwischengeschoben sind Nischen mit den Figuren der vier *Bacabes* oder "Himmelsträger", die jeweils als Gürteltier, Meeresschnecke, Schildkröte und Krebs dargestellt sind.

Der nach Westen zeigende Eingang befindet sich im Zentrum der reichhaltig verzierten Fassade, auf welcher unterhalb eines Vorsprungs aus abgestuften, mäanderartigen Ornamenten, von der Mitte ab, Steinmosaike zu sehen sind.

Der Heilige Cenote

Der Heilige Cenote ist das vielleicht imponierendste aller Elemente Chichén Itzás. Diesem grossen Wasserdepot verdankt die Stadt ihren Namen, da ja Chichén Itzá "Brunennöffnung der Itzá" bedeutet. Der Begriff Cenote stammt seinerseits von der Volkabel *ts'onot* ab, der Bezeichnung der Mayas für diese

Der Heilige Cenote

Art von natürlichen Brunnen.

Der Durchmesser des grossen Heiligen Cenotes beträgt in der Nord-Süd-Ausrichtung 50 Meter und in der Ost-West-Ausrichtung 60 Meter.

Der dichte, grünliche Wasserspiegel liegt etwa 20 Meter unterhalb des Randes. Bezüglich der berühmten Menschenopferungen ist zu sagen, dass die Opfergaben ursprünglich leidiglich aus Schmuck und Objekten bestanden. Später wurde damit begonnen, Jungfrauen, Jünglinge, Krieger und sogar Kinder in den Cenote zu werfen, damit eine Prophezeihung wahr würde, derzufolge sie lebend wiederkehren würden. Auf einer Seite stehen die Ruinen eines Gebäudes, das als Dampfbad (*temazcal*) zur Reinigung der Opfer diente. Ebenfalls wurde eine am Rand des *cenotes* überstehende Plattform angefügt, von der aus die Opfer wohl ins Wasser gestossen wurden.

Auf dem Grund des *Cenotes* hat man menschliche Knochen und unzählige Objekte aus Gold, Kupfer, Jade, Kopalräucherharz, Stoff und Korbwaren gefunden.

Osario

Diese über zehn Meter hohe und auch unter dem Namen "Grab des Hohepriesters" bekannte Struktur besteht aus neun abgestuften Teilen. Sie ist dem Schloss so ähnlich, dass sie eine Nachbildung zu sein scheint, lediglich mit dem Unterschied, dass sie kleiner ist und auf dem kleinsten der Körper einen Fries aufweist, der mit mythologischen Reliefs bedeckt und an den Ecken mit dem krummnasigen Abbild Chaacs dekoriert ist. Das Gebäude bildete ursrpünglich Teil eines Monumentalkomplexes, der zu dem *Cenote* Xtoloc führte. Am Eingang fand man sieben Gräber mit Tongefässen und Opfergaben.

Ein interessantes Detail ist die Tatsache, dass sich im Boden des oberen Tempels eine heute nicht mehr zugängliche Öffnung befindet, die den Zugang zu einer steilen Treppe bildete, die in die untere Ebene des Gebäudes führte, von wo aus ein natürlicher Tunnel kilometerweit unter der Erde verlief. Die an den ersten Ausgrabungen beteiligten Einheimischen versichern, dass der lange Korridor über 20 Kilometer lang sein könnte und in einer in der Nähe liegenden Mayastadt, möglicherweise Yaxuná, endet. Gemäss alter Überlieferungen stellt dieser Tunnel oder Höhle "die Schwelle der Welt der Toten und des Paradieses" dar.

Osario

Chichanchob

Dieses Gebäude, welches des grösste und am besten erhaltene der vier den Hauptplatz die Zentralgruppe umstehenden Konstruktionen ist, verdankt seinen Namen dem roten Farbstreifen, der sich am Fassadenfundament befindet. Die Bezeichnung *chichanchob* scheint von den Mayabegriffen *ch'ich'* und *chan* zu stammen, die beide "klein" bedeuten. *Ch'ob* wiederum bedeutet "Loch" oder "Teller" und der gesamnte Name heisst übersetzt in etwa "kleine Löcher" in Anspielung auf die Durchbohrungen des Zackensimes auf dem Dach.

Der Altarraum besteht aus einem Vorzimmer, zu dem man durch drei Eingänge gelangt, und drei sich im hinteren Teil befindlichen Räumen. Die einfache Fassade setzt sich aus glatten Mauern zusammen und weist lediglich zwei Vorsprünge und zwei Zackensimse auf dem oberen Teil auf. Der ältere Teil befindet sich in der Mitte; später baute man einen weiter vorn liegenden mit Masken des Gottes Chaac.

Im Innern des Gebäudes fand man den geschriebenen Spruch "Ende des einen tun", der sich auf das Jahr 850 n.Chr. bezieht und somit die Bestimmung des Gebäudealters erlaubt. Aussen ermöglicht eine geländerlose Treppe den Zugang zum oberen Tempel, der eine glatte Fassade aufweist, die in zwei Zackensimsen endet. Später bauten die Itzá einen kleinen Ballspielplatz am hinteren Gebäudeteil an.

Das Haus des Hirsches

Des Haus des Hirsches

Diese heute fast völlig zerstörte Konstruktion ist dem Chichanchob sehr ähnlich. Jedoch ist nur noch sehr wenig vom Originalbau übriggeblieben; über die Hälfte der Struktur ist zerfallen. Lediglich ein Raum ist komplett und der Eingang zu einem anderen heute nicht mehr vorhandenen ist noch erhalten geblieben. Auf dem Dach sind gerade noch die unförmigen Reste dessen, wass wohl ein Zackensims gewesen sein dürfte, zu sehen.

Der Name des Tempels stammt, gemäss der Überlieferung, von einem auf einigen Stuckarbeiten gemalten Hirch, den man im Innern enteckte, von dem aber heute nichts mehr zu sehen ist. Den noch verbliebenen Abbildungen gemäss ist zu urteilen, dass das Gebäude womöglich einen Mauerriss hatte, durch welchen Wasser eindrang, das den Stuck dort von den Wänden wusch, wo sich die Malerei befunden haben könnte.

Zwischen Bäumen und Sträuchern kann man ausserdem die Reste einiger länglicher Strukturen sehen, die den noch vorhandenen vielleicht änhlich waren und die zusammen mit dem Chinchanchob und den Haus des Hirsches ein Viereck bilden.

Chinchanchob oder das Bunte Haus

Die Schnecke oder das Observatorium

Diese Konstruktion ist zweifelsohne eine der eigentümlichsten der prähispanischen Mayawelt. Das aufgrund seiner Spiralform als Schnecke bekannte Gebäude besteht aus einem breiten runden Turm, der auf einer Plattform steht. Das Fundament stützt sich auf eine rechteckige Plattform, die im obreren Teil von einem Sims mit abgerundeten Ecken verziert wird. "Die Schnecke", deren Form der moderner Sternwarten sehr ähnlich ist, besteht in Wirklichkeit aus drei übereinanderliegenden Bauwerken: sie weist ein kreisförmiges inneres Fundament auf, um das ein anderes Fundament gebaut wurde. Der zweite Baukörper des Turmes erhebt sich auf dem Sims des ersten und zeigt einen Fries, der über jeder seiner Türen eine Maske des Gottes Chaac und eine sitzende Person, die von einem Rahmen aus Federn und Schlangen umgeben ist, aufweist. Am dritten und letzten Bauteil sind immer noch eine Reihe von Öffnungen oder Fenster zu sehen, die astronomische Beobachtungen möglich machten.

Von hier aus studierten die Beobachter der Mayas den Kosmos und formulierten Vorhersagungen. An den Tagen der Sonnenwende kann man noch heute von den Öffnungen oder Fensterchen dieses wissenschaftlichen und architektonischen Meisterwerks aus die Sternenkonstellationen betrachten.

Oben: Turm des Observatoriums
Unten: Schnecke oder das Observatorium

Temazcal oder das Dampfbad

Bei dem ein wenig abseits des Marktes gelegenen *temazcal* handelt es sich um ein rechteckiges Gebäude, das als Dampfbad diente. Ursprünglich für hygienische und medizinische Zwecken gedacht, wurde es später ebenfalls zur vorbereitenden Reinigung der Opfer des Heiligen Cenote benutzt, bevor ein neues Bad neben dem *cenote* gebaut wurde.

Teile des Daches und vier Säulen des Säulengangs, sowie eine Art von an die Fassade angebauten Bänken sind erhalten geblieben. Am äusseren Teil ermöglicht eine Öffnung den Zugang zum Gebäudeinneren, wo sich Bänke für die Badbenutzer befinden. Es sind ebenfalls die Reste eines Ofens zu sehen, in dem Steine erhitzt wurden, die dann zur Dampferzeugung mit kalten Wasser übergossen wurden. Der Ort verfügte ebenfalls über Abzugsöffnungen für den Dampf und den Rauch.

Das *temazcal* ist insgesamt 16 Meter lang und drei Meter breit. Seine eckigen Dächer wurden von den Wänden der Nord-, Ost,- und Südseite, sowie vorn von den vier Säulen des Säulengangs getragen. Die hintere Kammer der T-förmigen Konstruktion ist mit dem vorderen Raum mittels eines sehr niedrigen Eingangs verbunden, durch den man nur in gebückter Haltung oder kriechend gelangt.

Das Nonnenkloster

Dieser Komplex weist mehrere übereinandergebaute Strukturen auf, die diesem Monument, dessen Merkmale aus der Etappe der Blütezeit der Stadt stammen, einen grandiosen Eindruck verliehen. Es ist ein würdiger Vertreter des Chenesstils, da nämlich seine Reliefs und Verzierungen die gesamte Gebäudefront bedecken und es wie eine viereckige Masse mit zwei Anbauten aussehen lassen, auf deren Spitze zwei Tempel zu sehen sind. Eine breite Treppe führt zur oberen Esplanade. Der Name "Nonnenkloster" stammt wahrscheinlich von der grossen Anzahl der an Klosterzellen erinnernden Zimmer (diese Raumaufteilung überraschte Diego de Landa immer wieder aufs neue) und es wird vermutet, dass es für Beschwörungen und Opferdarbringungen der Regengötter benutzt wurde, die dem mächtigen Kukulkan an Macht vorausgingen.

Als Ergebnis von meheren Überbauungen war das Bauwerk ursprünglich eine Gruppe von verschiedenen getrennten Gebäuden: das Nonnenkloster sowie der östliche und der südostliche Anbau, wobei all diese Doppelzimmer Zackensimsen aufwiesen.

Im mittleren Teil des vorderen Frieses des östlichen Anbaus, der als der schönste ganz Chichén Itzás angesehen wird, hebt sich die Skulptur einer sitzenden Person mit über der Brust veschränkten Armen und Federkopfschmuck ab, die von einem nischenförmigen Rahmen umgeben ist.

Anbau des Nonnenklosters

Der Cenote Xtoloc

In etwa 150 Meter Entfernung, nordöstlich des Observatoriums, befindet sich ein natürlicher Brunnen, der als Wasserdepot für die Bewohner Chichén Itzás diente und sich somit sehr von dem grandiosen Heiligen Cenote unterschied. Seine Bedeutsamkeit war jedoch lebenswichtig für die dort lebenden Menschen.

Zu seiner Zeit war Xtoloc von sogenannten *chultunes* (Zisternen) umgeben, die die Bevölkerung mit Wasser versorgten. In der Mitte, in etwa 20 Meter Entfernung vom Rand, erhebt sich eine einzgartiger kleiner Tempel mit Säulen und einem winzigen Altarraum, der aus drei Kammern bestand, die auf einer niedrigen Plattform standen. Allem Anschein nach wiesen diese eckige Gewölbedächer auf. Der *cenote*, der seinen Namen der in Yukatan vorkommenden Eidechse verdankt, verfügt auch über eine kleine Rampe, die von den Mayas zu dem Zweck errichtet wurde, dass man bis zum Wasserspiegel gelangen und die Behälter füllen konnte.

Cenote Xtoloc

Akab-dzib

Akab-dzib

Beim Akab-dzib handelt es sich um ein weiteres eigentümliches Bauwerk ohne jeglichen toltekischen Einfluss, das aus einem zentralen Gebäude mit zwei Räumen an den Enden besteht, sowie 18 weiteren Zimmern mit Gewölbedächern, die später angefügt wurden. Diese sind auf zwei Gebäude aufgeteilt. Sein Anblick ist von grosser Schlichtheit; die Fassade besteht aus einer glatten Mauer, die im oberen Teil zwei Vorsprünge und einen Zackensims aufweist.

Insgesamt ist das Gebäude 54 Meter lang, 16 Meter breit und sechs Meter hoch. Im Innern einiger der Räume, die nach Osten zeigen, hinterliessen die Mayas Handabdrücke in roter Farbe, die möglicherweise *Kabul* (die Himmlische Hand und Schöpferin) symbolisieren, der Gott der Mayas des Himmelsgewölbes.

Auf dem Türsturz einer der inneren Türen des südlichen Gebäudeabschnitts ist ein Priester eingemeisselt, der von einem steinernen Türsturz mit hieroglyphischen Symbolen umgeben ist, die bis heute, mit Ausnahme der Jahreszahl 869, noch nicht entziffert werden konnten. Diese Auslegungsprobleme gaben dem Gebäude seinen Namen, denn *akab* bedeutet "Nacht" und *dzib*, was als "schwarze Schrift" interpretiert wird, d.h. als etwas das schwer zu entziffern bzw. zu übersetzen ist.

Umgeben von Legenden, Mythen und Anekdoten, poetisch im Namen und der Geschichte, liegt das alte Uxmal inmitten einer unter dem Namen "Puuc" bekannten Hügelkette (*Puuc* bedeutet Hügelkette auf Maya). Im Nachhinein erhielt auch der architektonische Stil der Stätten dieser Region diese Bezeichnung, von denen die besten Beispiele in Uxmal zu finden sind.

Man sagt, dass die Stadt von dem Stamm der *Xiu* gegründet wurde. Das sie umgebende Land ermöglichte die Anlage grosser Regenwasserdepots, die die Bevölkerung mit dem wertvollen Nass versorgten. Es gab ebenfalls viele *chultunes.* Das sind Zisternen, die von den geistreichen Mayas gebaut wurden, um das Regenwasser aufzufangen.

Die Stadt besteht aus 15 Gebäudegruppen, die von Nord nach Süd auf etwa zwei Kilometern verstreut liegen. Das etwa 78 Kilometer südlich der Stadt Mérida gelegene Uxmal verdankt seinen Namen zweier einsilbiger Wörter: *Ux* was "pflücken" bedeutet und *mal*, was soviel heisst wie "gut".

Beide Wörter zusammen ergeben dann sinngemäss die Bezeichnung "gute Ernte".

UXMAL

Oben: Nordgebäude des Nonnenvierecks
Unten: Skulptur des "Herrn Chaac" am Gouverneurspalast

Westseite der Wahrsagerpyramide

Die Wahrsagerpyramide

Die Legende erzählt, dass in der Nähe Uxmals eine alte Frau wohnte, die als Hexe verschrieen war. Eines Tages fand die Frau ein Ei, aus dem ein Junge schlüpfte, der nach kurzer Zeit zu wachsen aufhörte: er war nämlich ein Zwerg und ausserdem mit der Fähigkeit ausgestattet, die Zukunft vorhersagen zu können, weswegen er "Wahrsager" gennant wurde.

Einmal entdeckte der Zwerg ein *tunkul* (ein Schlaginstrument aus Holz), das seine Grossmuter im Herdfeuer versteckt hatte und begann zu spielen. Gemäss der Prophezeihungen war bekannt, dass, wenn jemand dieses Instrument spiele und

sein Klang in der gesamten Region zu hören sei, derjenige den Thron der Stadt erhielte. Als nun also der König von Uxmal den Klang vernahm, deutete er dies als das Ende seines Königreiches. Ängstlich, aber bereit seinem Schicksal gegenüberzutreten, rief der König den Zwerg zu sich, um ihn verschiedenen, harten Prüfungen zu unterziehen, die der Zwerg alle meisterte.

Er überlebte sogar die schwierigste: auf seinem Kopf wurde mit einem Steinhammer ein Korb voller Cocoyole (sehr harte Früchte) zerschlagen. Der Herrscher unterzog sich derselben Probe und starb nach dem ersten Schlag. Somit begann in Uxmal das Königreich des Zauberzwergs. Die anfangs erwähnte Legende besagt ebenfalls, dass der neue Herrscher den steilen, über 35 Meter hohen Bau für sich selber in nur einer einzigen Nacht errichtete. Gemäss der Forscher jedoch ist die ungewöhnliche, elliptische Form des Grundrisses des Schlosses (einzigartig in der Mayaarchitektur) das Ergebnis verschiedener, aufeinanderfolgender Bauepochen mit fünf Tempeln auf unterschiedlichen Ebenen und mit verschiedenen Baustilen.

Der erste, zweite und dritte Tempel wurden von dem ovalen Fundament bedeckt; der vierte, der nach Westen zeigt, ist im Chenesstil gebaut und weist ein Portal mit Chaacmasken, Tafeln mit Gittermustern und Steinmosaiken auf. Er ist gleichzeitig auch aufgrund seiner überquellenden Dekoration der auffälligste des Komplexes. Der von aussen zu sehende fünfte Bau sieht eher schlicht aus. Die Seitenteile der Mauern sind eingefallen und auf dem sich in der Fassadenmitte befindenden Fries ist lediglich ein Flachrelief zu sehen, das eine Mayahütte darstellt.

Ostseite der Wahrsagerpyramide

Das Nonnenviereck

Dieser grossartige Komplex ist einer der bedeutendsten Uxmals und gleichzeitig eines der schönsten Beispiele für die Bildhaverkunst der Mayas, die aus den Steinen kunstvolle Chaacmasken, mäanderartige Ornamente, Hütten, umeinandergewundene Schlangen, geometrische Motive und andere für den Puucstil charakteristische dekorative Elemente schufen. Das Viereck steht auf einer über vier Meter hohen und 100 Meter langen rechteckigen Plattform. Vier voneinander völlig unterschiedliche Gebäude sind um dieses Quadrat herum platziert. Die Ecken sind dabei freigelassen worden; eine Besonderheit, die die zur Senkung der Temperatur notwendige Luftzirkulation ermöglichte, die sicherlich immer dann nötig war, wenn sich Menschenmengen zu grossen Festlichkeiten in der Stadt versammelten.

Der Name "Nonnenviereck" wird dem Franziskanerpriester Diego López de Cogulludo zugeschrieben, der Ähnlichkeiten zu den religiösen Klöstern Spaniens entdeckte.

Oben: Ostgebäude des Nonnenvierecks
Unten: Generelle Ansicht des Nonnenvierecks

Südgebäude des Nonnenvierecks

Das Südgebäude des Nonnenvierecks

Obgleich es das schlichteste der vier ist, beweist dieses Gebäude jedoch die Freude der Mayas an der Darstellung von Elementen des täglichen Lebens in Stein: an der Konstruktion fallen besonders der Überfluss von Mosaiken am Fries und Flachreliefs in Form von Hütten mit Strohdächern auf, die die Eingänge zu den Gemächern krönten. Diese Art von Hütten wird heute noch in ländlichen Gebieten der Halbinsel gebaut. Insgesamt gibt es zwei Reihen von einzelnen Kammern, acht mit jeweils einer Innentür und acht mit einer Tür nach aussen.

Diese Struktur ist die kleinste der Hauptgebäude. Sie ist ungefähr 80 Meter lang, neun Meter breit und sechs Meter hoch. Sie steht auf Bodenhöhe des Nonnenvierecks und ihr Eingang hat die gleiche Form wie der, der den Zugang zum inneren Platz gewährt: ein hoher Gang mit Mayagewölbe, dem eine breite Treppe vorangeht.

Neben den Hütten und den Gittermustern heben sich ebenfalls einige gemeisselte Tlalocmasken ab (toltekischer Regengott), aus dessen Augen Wellen strömen, die das Wasser symbolisieren.

Das Gebäude des Leguans

Das wahrscheinlich im Jahre 900 unserer Zeitrechnung erbaute und erst 1998 wiedergewonnene "Gebäude des Leguans" weist eine sehr unterschiedliche Dekoration zu den bereits bekannten Gebäuden Uxmals, wie etwa dem Nonnenviereck und dem Gouverneurspalast, auf. Hier ist der Fries der Konstruktion auf eine einfachere und kargere Art und Weise dekoriert, mit Bereichen aus drei kleinen Säulen, die sich mit mäanderartigen Ornamenten und glatten Quadergesteinen abwechseln. Man fühlt sich an einen frühen Puucstil erinnert, der mit antikem Design kombiniert ist. Hinsichtlich der Gebäudenutzung wird angenommen, dass es zur zivilen Verwaltung oder als Wohnhaus der Ballspieler vor Beginn des Spieles bestimmt war.

Das Gebäude des Leguans ist eines der wenigen mit einem verlängerten Gewölbe ohne stützende Zwischenmauern. Es verfügt über einen weiten überwölbten Säulengang von 29 Metern Länge und knapp drei Metern Breite, der die gesamte Gebäudefassade umfasst. Diese Art von Eingang ist sehr ungewöhnlich in der Puucregion und wird als Beispiel für den Einfluss Chichens in der Architektur Uxmals angesehen.

Das Gebäude des Leguans

Viereck der Vögel

Das Vogelviereck

Dieses viel später als der Rest der Stadt ausgegrabene und wiederaufgebaute Viereck erhielt seinen Namen von den in den Mauerresten gefundenen Ornamenten, die Vögel darstellen; hauptsächlich Papageien, Grünflügelaras, Kolobris, Truthäne und Adler. Es erinnert an einen ausgedehnten Hof, der ursprünglich mit den Fragmenten dreier heute wieder aufgebauer anderer Gebäude bedeckt war. Man geht davon aus, dass das Bauwerk aus den Jahren 800 bis 1200 n.Chr. stammt. Das Südgebäude hat dreizehn Säulen, vier Räume und ist 30 Meter lang und acht Meter breit. Seine Gesamthöhe beträgt vier Meter. Das Westgebäude, dem der Komplex seinen Namen verdankt, ist das am reichhaltigsten verzierte der drei.

Dem Viereck werden Verwaltungs- oder Wohnzwecke für einen Herrscher zugeschrieben, da dort keine religiösen Elemente gefunden wurden. Vermutlich war es das Haus irgendeiner wichtigen Persönlichkeit, denn Vögel waren heilige Zeichen, die auf die Nähe zu den Göttern hinweisen. Einer der interessantesten Funde bei den Ausgrabungsarbeiten war ein Kinderbegräbnis.

Die Grosse Pyramide

Urprünglich sah diese Steinmasse aus wie ein Schutthaufen; die Arbeit der Archäologen macht es jedoch möglich, sich vorzustellen wie dieses Gebäude in seiner Blütezeit ausgesehen hat.

Die Struktur, die nur unwesentlich kleiner als die Wahrsagerpyramide ist, aber dafür offener und weniger steil, besteht aus neun abgestuften Teilen und einer breiten Treppe aus 65 Stufen. Auf der Spitze stehen die Mauer schmückenden Vögel, die in alle Himmelsrichtungen zu fliegen scheinen, deshalb der "Tempel der Grünflügelaras" gennant. Die Architektur dieses Gebäudes bildet einen Kontrast zu der anderer Strukturen, da es, obgleich die gesamte Fassade verziert ist, keine feinen Mosaike aufweist. Dieser Gegensatz lässt vermuten, dass einige der Meisselarbeiten gemacht wurden als die Periode des Niedergangs in Uxmal begann.

Im Innern steht eine enorme krummnasige Maske des Gottes Chaac, die am oberen Teil zerstört ist. Die Fassade war komplett dekoriert, der Fries und der Obersims allerdings sind eingefallen. Die groben Endarbeiten des Tempels weisen darauf hin, dass er während der Untergangsperiode der Stadt gebaut wurde, möglicherweise im 8. Jahrhundert.

Die Grosse Pyramide

Der Ballspielplatz

Obwohl er nicht die gleichen Ausmasse und Grösse wie jener in Chichén Itzás hat, ist der Ballspielplatz als charakteristisches mesoamerikanisches Element auch in Uxmal vorhanden.

Dieses Spiel stand immer mit mystischen und kosmischen Aspekten in Verbindung. Der Ball gab die Bewegungen der Himmelsgestirne wider und die Gegner inszenierten auf symbolische Art und Weise den Kampf des Tages gegen die Nacht oder anders ausgedrückt, den Streit der Gottheiten der Unterwelt gegen die des Himmels. Der Ballspielplatz von Uxmal befindet sich in ca. 20 Metern Entfernung vom Nonnenviereck, wenn man durch den grossen Bogen des Südtempels geht. Im Gegensatz zu anderen Mayastädten ist das Spielfeld weder monumental noch von Tempeln umgeben, die seine symbolische Bedeutsamkeit unterstreichen sollen. Auf seinen mittelgrossen Mauern sind auch keine Reste der kleinen Tempel, die sie trugen, erhalten geblieben. Die Originalzielringe aus bearbeitetem Stein wurden aus Schutz vor der Witterung durch Nachbildungen ersetzt. Der Unterschied zu den Ringen Chichén Itzás, die viel robuster, bearbeiteter und symmetrischer sind, wird hier deutlich sichtbar.

Auf einem dieser Zielringe sind kalendarische Zeichen zu sehen, die das Baudatum der Struktur aufdecken: das Jahr 906. In dieser Epoche begann bereits der Untergang der Stadt, die später vollständig in Vergessenheit geriet.

Die gebräuchlichste Form des Spieles bestand darin, dass zwei Mannschaften sich, ähnlich wie beim Volleyball, jeweils auf eine Hälfte des Spielfeldes begaben.

Der erste Abschlag erfolgte mit der Hand aus der hinteren Spielfeldhälfte. Danach durften zum Spielen lediglich die Hüfte oder die Ellbogen benutzt werden. Nur ein Schlag war gestattet und es gab einen Pluspunkt, wenn das gegnerische Team den Abschlag nicht erwiderte, der Ball gegen die Mauern des hinteren Spielfeldes schlug oder gegen die Zähler prallte.

Das Haus der Schildkröten

Das sich hinter dem Gouverneurspalast befindliche schlichte Gebäude ist einer der Tempel mit der kargsten Dekoration der Stadt; die Schildkrötenstatuen jedoch, die den Obersims auf den vier Seiten des Gebäudefrieses schmücken, heben es von allen anderen ab. Die Tiere sind sorgfältig gearbeitet und vermitteln, zwichen der Überlandenheit und dem Protz anderer Gebäude, eines sympatische, angenehme Sicht der Mayaarchitektur. Dieser Tempel wird einem gütigen und geliebten Gott (eventuell einer Wassergottheit) zugeschrieben.

Die Konstruktion misst 30 Meter von Ost nach West und 11 Meter von Süd nach Nord. Ihre Höhe beträgt ungefähr sieben Meter. Sie hat drei zentrale Kammern, durch die Gänge verlaufen, zu denen man auf der nördlichen bzw. südlichen Seite Zugang hat. Sie verfügt ausserdem über zwei Seitenkammern.

Untersuchungen haben ergeben, dass die Bauzeit zwischen den Jahren 800 und 900 lag und es wird vermutet, dass das Haus der Schildkröten mit dem ersten Unterbau des Gouverneurspalastes verbunden war.

Es wird erzählt, dass viele Jahrhunderte nach seiner Entdekkung, etwa Mitte des 19. Jahrhunderts, ein in der Nähe Uxmals lebender katholischer Priester dem Gebäude den Namen "Das Haus der Schildkröten" gab.

Haus der Schildkröten

Der Gouverneurspalast

Dieser schöne Bau, von dem man sagt, dass der König von Uxmal ihn bewohnte, bevor der Zwerg seinen Palast erbaute, weist Proportionen und eine Dekoration auf, die ihn zum vielleicht besten Beispiel für die Mayaarchitektur machen.

Der Chronist Bruder Alonso Ponce bezeichnete ihn 1558 als ein Gebäude "von eigentümlicher Pracht und Erhabenheit".

Einer der Aspekte, der die Monumentalität des Gebäudes hervorhebt ist die Tatsache, dass es, obwohl sichtbar in drei Teile unterteilt, als nur ein einziges betrachtet werden sollte. Die Struktur ist 98 Meter lang, fast 12 Meter breit und etwas über 8,5 Meter hoch. Die äussere Wand erhebt sich, wie im übrigen Uxmal senkrecht vom Boden aus, d.h. vom Fundament zum ersten Vorsprung und von dort aus vom First bis zum Abschluss. Der Fries ist von einem figürlichen Gittermuster bedeckt, das anstelle eines Hintergrundes für die spätere Arbeit verwendet wird. Darüber befinden sich mäanderartige Ornamente, die überall diagonal auf der Gesamtlänge der grossen Vorderfront angebracht sind. Diese Reihe wird von Maskenreihen unterbrochen, die sich über die ganze Fassade hinziehen und die sich mit auf Thronen sitzenden Menschenfiguren abwechseln. Diese Figuren sind von verschiedenen Baldachinen bedeckt, drei im mittleren Teil und einer auf jeder der beiden Seiten.

Die zentrale Figur des bewundernswerten Frieses aus mäanderartigen Ornamenten und Skulpturen ist ein Herrscher mit

Gouverneurspalast

Falscher Bogen im Gouverneurspalast

luxuriösem Kopfschmuck, der auf einem Thron aus einem gekrümmten Schlangenkörper sitzt und von einem trapezförmigen Muster aus von sieben Bändern, die in Schlagenköpfe auslaufen, umrahmt wird. Die Identität der unbekannten Person, die verborgen bleibt (obwohl einige sie als Kukulkán in seiner Verkörperung als "Morgenstern" identifiziert haben), enthüll zumindest die hohe hierarchische Stellung, die er als Mensch oder Gott innehatte. Daher stammt der Name "Gouverneurspalast".

Der "falsche Mayabogen"

Der berühmte "Mayabogen" der einstigen Bewohner Mesoamerikas ist ein Produkt des Erfindungsgeistes der Mayas, was ihn besonders attraktiv für Künstler und Forscher macht. Die Steine wurden in hervorstehenden Reihen angebracht, einer mehr nach innen als der andere, als ob man eine umgedrehte Pyramide bauen würde, die nach innen verläuft und "hohl» ist. Schliesslich befindet sich ein Stein anstelle des "Deckels". Auf diese Art hält dieselbe Schwerkraft die Steine und bildet die Lücke.

Eines der auffälligsten Merkmale ist die Tatsache, dass die Mayas den Falschen Bogen bei all ihren Bauwerken verwendeten; ihre Formen allerdings variierten von Stadt zu Stadt.

So ähnelt z.B. das innere der Gewölbe von Uxmal keineswegs dem berühmten Bogen von Labná.

Thron des Zweiköpfigen Jaguars

Der Thron des Zweiköpfigen Jaguars

Der Jaguar (und nicht der Tiger, da dieser in Amerika nicht vorkommt) ist aufgrund seiner Wildheit, seines rebellischen Charakters und seiner Schönheit der König des amerikanischen Dschungels und deshalb auch der des yukatekischen. Aus diesen Motiven heraus verehrten die Völker Amerikas seit jeher dieses Säugetier. In Yukatan erfolgte dies jedoch hauptsächlich aufgrund des toltekischen Einflusses.

Den Namen *balam* (Jaguar) gab man auch den Priestern, die zu der wichtigen Priesterhierarchie der Balame gehörten und Wahrsager und Deuter der Götter waren. Diese waren somit damit beaufragt, das psychologische und intellektuele Leben der Mayas zu leiten.

In Uxmal sticht besonders eine originelle Darstellung hervor, die gegenüber der Treppe des Governeurspalastes steht: es handelt sich um eine seltsame, thronförmige Figur zweier Jaguare, die an der Brust vereint sind (daher der Name "zweiköpfig"). Der Kopf das einen Jaguars schaut nach Norden und der des anderen nach Süden.

Die Friedhofsgruppe

Die Mehrzahl der diesen Komplex bildenden Bauten sind heutzutage fast völlig zerzört. Auf der Südseite heben sich die Trümmer einer grossen, unvollständigen Pyramide mit einem Tempel auf der Spitze ab. Zu diesem gelangt man über eine sich vorne befindliche Treppe.

Eine andere bemerkenswerte Struktur, eine überwölbte Konstruktion, befindet sich im Westen: es handelt sich um eine grössere Pyramide, die drei Tempel stützte, von denen haute nur noch der mittlere steht. Die kleineren seitlichen Konstruktionen sind fast vollständig verschwunden.

Der Haupttempel dieser Plattform verfügt über drei Eingänge auf der östlichen Vorderseite und zwei Seiteneingänge: einer auf der Nord- und einer auf der Südseite. Die seitlichen Eingänge wurden bei ihrer Entdeckung zugemauert vorgefunden. Man nimmt deshalb an, dass das Gebäude als Unterbau für ein grösseres benutzt werden sollte, das jedoch niemals gebaut wurde. Der Name des Ortes stammt von den kleinen, etwa 80 cm hohen quadratischen Plattformen, die klare Flachreliefs mit Totenköpfen und gekreutzten Knochen zeigen.

Friedhofsgruppe

Das Taubenhaus

Südostlich des Friedhofes und südwestlich des Governeurpalastes ist der symbolische Zackensims des Taubenhauses zu sehen. Dieses gehört zum späten Puucstil Uxmals und ist aufgrund seiner Form einzigartig. Es erinnert an den Begriff *Puuc*, der ja Hügelkette bedeutet.

Der Bau, der in Wirklichkeit ein Wohnkomplex gewesen sein dürfte, schliesst einen Tempel, dessen Dach eingefallen ist, und eine hohe Pyramide mit einem Altarraum auf der Spitze ein.

Auf der südlichen Seite verläuft ein halbverfallener Zackensims mit Löchern, der aus neun dreieckigen Sektionen besteht. Diese weisen wie Nischen aussehende Aussschnitte mit abgestuften Rändern auf. Der Forscher Stephens gab dem Gebäude wegen des einer Reihe, bestehend aus ungefähr 40 kleinen Fenstern, den Namen "Taubenhaus". Das Dach ist eingestürzt und gibt somit von oben den Blick frei auf die Wände verschiedener, aneinandergereihter Zimmer, die Zellen ähneln.

Auf der Oberfläche des Zackensimses sind eingemeisselte und bemalte Stuckreliefs zu sehen, die verschiedene Personen zeigen. Die erhalten gebliebenen Überreste lassen die Annahme zu, dass diese Figuren auf Podesten standen.

Das Taubenhaus

Das Haus der Alten Frau

Gemäss der Legende baute der Zwerg den grossen Palast, der die alte Mayastadt charakterisiert, in nur einer Nacht. Am nächsten Tag, nach dem Tod des alten Königs, versprach der Zwerg den Bau einer Reihe von Monumenten, unter anderen einen Palast für seine alte Grossmutter.

Diese aufgrund ihrer Höhe äusserst imposante Pyramide (sie ist der höchste Punkt Uxmals), wies während ihrer Glanzzeit zwei anmutige Türme und einen Tempel auf dem oberen Teil auf. Sie wurde höchstwahrscheinlich zwischen den Jahren 500 und 700 unserer Zeitrechnung erbaut. Von den Türmen sind lediglich die zackensimsförmigen Überreste eines Turmes zu sehen, und vom Tempel bleiben kaum noch Spuren auf der Spitze des Fundamentes, die von weitem mit einem Erdhügel verwechselt werden können.

Hinsichtlich des Namens "Haus der Alten Frau" ist bekannt, dass bei der Besichtigung der Ruinen Uxmals durch Stephens im 19. Jahrhundert sich am Fuss der Pyramide noch eine grobe Frauenskulptur befand, die heute als eine Darstellung der Nahua-Göttin der Erde und Vegetation *Tlazolteotl-Toci* identifiziert ist. Die in der Nähe lebenden Einheimischen setzen sie jedoch mit der "alten Zauberin" gleich und der amerikanische Forscher folgte dieser Tradition und nannte das Gebäude "Haus der Alten Frau".

Diese kleine, aber bedeutende Stadt befindet sich 37 Kilometer von Uxmal entfernt. Sie ist der Ort, wo, gemäss der Legende, der berühmte Zauberzwerg geboren wurde, der Uxmal Ruhm und Glanz verlieh. Der Name *Kaban* erscheint in dem antiken Buch des "*Chilam Balam de Chumayel*", weswegen angenommen wird, dass diese Bezeichnung von jeher der Originalname dieses städtischen Zentrums war. Kabah gilt, nach Uxmal, als der zweitwichtigste Ort der Puucregion.

Es scheint, dass *Kabah* "der Herr mit der starken und mächtigen Hand" bedeutet. Der Name wird mit einer am Eingang der archäologischen Zone stehenden Skulptur assoziiert, die eine Schlange in der Hand hält. Die politische Bedeutsamkeit Kabahs wird andererseits anhand der über 20 Kilometer langen *sacbés* deutlich, der diesen Ort mit Uxmal und anderen, kleinen Dörfern verband.

Oben: Der Bogen in Kabah
Rechts: Detail eines Fratzengesichtes im Kodz Poop

Der Grosse Tempel Oder Teocalli

Der Grosse Tempel Oder Teocalli

Diese "Grosse Pyramide" oder Teocalli ist bisher noch nicht restauriert worden. Sie besteht aus einem ellipsenförmigen Fundament, das dem der Pyramide des Zauberers in Uxmal gleicht. Auf dem oberen Teil sind Reste der Tempelmauer erhalten geblieben, zu der man über eine monumentale Treppe gelangt, die sich an der östlichen Fassade befindet und unten von zwei Räumen flankiert wird. Gemäss der Forscher sind "niedrige Plattformen, Zimmergruppen auf Fundamenten, oder besser gesagt um einen zentralen Innenhof angebracht, einige der Konstruktionen, die noch auf die Arbeit der Archäologen warten".

Bei seinem ersten Treffen mit "Teocalli", fand Stephens es "malerisch, ruiniert, von Gestrüpp bedeckt und wie das Haus des Zwerges in Uxmal sich über alle anderen umliegenden Objekte erhebend..." Der Reisende führt weiter aus: "...am Fuss befinden sich eine Reihe von verfallenen Zimern und die Stufen ihrer grossartigen Treppe sind alle zerstört und voller loser Steine, so dass der Aufstieg sehr mühsam ist..."

Der Grosse Palast

Dieser wichtige Bau besteht aus einer Gruppe von untereinander vereinten Gebäuden, welche sich auf einer Plattform befinden. Auf diese gelangt man über eine grosse Treppe. Das Gebäude besitzt verschiedene kleinere angrenzende Tempel und zählt zu den besterhaltendsten in Kabah. Der einfache und wenig ausgearbeitete dekorative Stil entspricht dem des Frühen Puuc und erinnert an solch bekannte und in Gruppen zusammengefasste Bauten wie jene des Nonnen- und des Vogelvierecks. Architektonisch hebt sich ein Fries hervor, welcher Gruppen von drei kleinen Säulen verbindet, die durch glatte Stücke voneinander getrennt sind. Die Eintönigkeit wird durch die Einbringung zweier Säulengänge mit einer jeweils in einem viereckigen Kapitell endenden Zentralsäule unterbrochen. Ebenso wie der Kodz Pop schliesst den Grossen Palast ein in einem einfachem Stil gemeisselter Sims ab.

Der Grosse Palast

Der Kodz-poop

Das von Enrique Juan Palacios "ein Beispiel dekadenten einheimischen Schnökelbarocks" gennante Gebäude ist zweifellos ein präkolumbisches Beispiel für überzogenen Kitsch: die Mayabildhauer übertrieben masslos und hinterliessen der Nachwelt dieses mit einem Übermass an Masken des krummnasigen Gottes Chaac geschmückte Bauwerk.

Der Name *Kodz-Poop* bedeutet "eingerollte Matte". Er gibt eine Idee des Anblicks wieder, den die Hauptmauer dieses einzigartigen, von einem feinen, durchbrochenen Zackensims gekrönten Tempels vermittelt. Sein Bau erfolgte zwischen 700 und 900 n.Chr.

Am Mauerfundament sind die Masken ohne Unterbrechnung nebeneinander angebracht. Insgesamt sieben Gesichterreihen machen dieses eigentümliche Mosaik aus. Am mittleren Mauerteil werden die Masken von den Türöffnungen unterbochen. Die gleichfalls von Chaacmasken eingerahmt sind. Im Innern sind ebenfalls Masken ähnlicher Machart erhalten geblieben.

Es wird vermutet, dass insgesamt 250 Antlitze des Gottes in geometrischer Sequenz an der Konstruktion angebracht waren. Heute liegen viele davon auf dem Boden oder haben abgebrochene Nasen.

El Kodz Poop

Das fünf Kilometer von Kabah entfernte Sayil ist eine weitere Mayastadt von grosser Bedeutsamkeit. Ihr Name bedeutet auf Maya "Ort der Ameisen" und geht vermutlich auf die Originalbezeichnung der Stadt *Zeyé* zurück, der von dem Mayawort für die grossen Blattschneideameisen *say* abgeleitet ist. Im Gegensatz zu anderen, den prähispanischen Städten im Nachhinein gegebenen Namen, könnte dieser der ursprüngliche und somit so alt sein wie die Stadt selbst.

Sayil war ein anderes städtisches Zentrum mit grosser Flächenausdehnung in der Puuczone. Vermutlich nahm es eine Häche von 3,5 Quadratkilometern ein. Nach juengsten Forschungen wurde die Stadt zwischen den Jahren 700 und 1000 n.Chr. erbaut, da man dort Keramikfiguren des jener Zeit angehörenden "Ceh Pech"-Typs gefunden hat.

Die Stadt zeigt eine Aufteilung in drei konzentrische Zonen. Die erste, der Ortskern, umfasst die von Norden nach Süden mittels eines *sacbés* angeordneten Gebäude für die obere Schicht. Die zweite umschliesst die Aussenbezirke des Ortes mit ihren Wohnvierteln. Schliesslich dehnt sich die dritte bis hin zu den Satellitensiedlungen der Bevölkerungen aus, die Sayil Tribut zollten.

Oben: Der Grosse Palast
Unten: Herabsteigender Gott des Grossen Palastes

Aussichtsturm

Der Aussichtsturm von Sayil

Der auch "Der Tempel des Aussichtsturms" gennante Bau ist eines der wichtigsten Gebäude der Stadt. Es handelt sich um einen kleinen, quadratischen Tempel mit fünf Kammern und einem hohen Zackensims, der einen gewissen Einfluss des im guatemaltekischen Peténgebiet vorkommenden architektonischen Chenesstils (welcher an Orten wie Tikal blühte) zeigt. Hier wurde er an den frühen Puucstil angepasst, der Jahre später in den Städten dieser Zone zu sehen war.

Der Aussichtsturm steht auf einem abgestuften Fundament. Oben zu sehen sind lediglich ein Mayagewölbe und der bereits vorher erwähnte, schmale Zackensims. Das Gebäude erreicht eine Höhe von 14 Metern. Nur die südwestliche Sektion ist erhalten geblieben.

Der Grosse Palast

Der ebenfalls unter den Namen "Der Palast" oder "Nordpalast" bekannte Bau gilt als einer der schönsten der Mayaarchitektur. Er ist fast so imposant und prächtig wie der Gouverneurspalast und das Nonnenviereck von Uxmal.

Dieses Gebäude ist das bedeutendste in Sayil. Seine längliche Struktur besteht aus drei abgestuften Ebenen mit insgesamt 98 Räumen. Die nach Süden zeigende Hauptfassade steht auf einer Plattform, von der ein *sacbé* ausgeht.

Die Fassadendekoration integriert auf harmonische Art und Weise die Kontraste zwischen den drei Ebenen mittels einem häufig im Puucstil anzutreffenden Mosaikdesigns aus Steinen.

Der untere Teil der Konstruktion weist einen einzigen, fast gänzlich eingestürzten Gang auf, während der mittlere aus zwei und der obere wiederum aus einem besteht. Eine breite Treppe

Der Grosse Palast

aus drei Abschnitten führt zu jedem einzelnen Stockwerk, dessen Terrassen die Dächer der jeweils darinterliegenden Ebene sind.

An den Wänden des zweiten Stockes hebt sich die aus krummnasigen Chaacmasken und Säulen bestehende Dekoration ab, die an die Stäbe der Mayahütten erinnern.

Ebenfalls schmücken die Skulpturen des Herabsteigenden Gottes bzw. Bienengottes *Ah Mucen Cab* die Mauern.

Detail Am Grossen Palast

Die wahrscheinlich im 14. Jahrhundert geprägte Vokabel *Labná* bedeutet "altes Haus". Sie ist der Name dieser kleinen, aber wichtigen Mayastadt, die vom Jahr 300 unserer Zeitrechnung ab besiedelt wurde. Sie existierte bis zu ihrem Untergang um das Jahr 1000. Die von einer "subtilen Aura" umgebene Stadt verursacht einen reigentümlichen Effekt, der auch dem Forscher Stephens nicht verborgen blieb und der bemerkte, dass seit seiner Ankunft in Yukatan "wir noch nie eine Sache vorgefunden hatten, die uns heftiger bewegte als der Anblick dieser Ruinen..."

Labná hebt sich, unter anderem auch durch die kompakte Anordnung ihrer Hauptgebäude auf kleinem Raum ab; ein vorzügliches Beispiel für eine gelungene städtische Planung.

Die Stadt kann in die sich im Norden befindendliche Palastgruppe und in die südlich gelegene Aussichtsturmgruppe eingeteilt werden. Beide Gebäudegruppen sind mittels eines *sacbés* untereinander verbunden. Der Palast von Labná führt die Gruppe, die seinen Namen trägt, an.

LABNÁ

Oben: Der Bogen von Labna
Unten: Der Grosse Palast von Labna

Der Bogen von Labná

Hierbei handelt es sich um das berühmteste und interessanteste Gebäude der Stadt; ein prächtiges Design der Mayaarchitekten, das allem Anschein nach den Zu- oder Ausgang der Stadt markierte. Es war wahrscheinlich ebenfalls mit einem anderen *sacbés* verbunden und bildete ausserdem Teil einer Konstruktion, die zwei Vierecke trennt.

Die Struktur, ein typischer falscher Mayabogen, ist am oberen Teil bis zu den Ecken mit Chaacmasken dekoriert, während am Mittelstück nischenförmige Ornamente angebracht sind, die Mayahütten mit Strohdächern darstellen, die über einem Fries mit eingemeisselten stilisierten Schlangen angebracht sind. Im Innern dieser Nischen sind die Reste von auf Stuck bemaltem Kopfschmuck aus grünen und blauen Quetzalfedern zu sehen.

Die schlichtere hintere Fassade ist mit mäanderartigen Ornamenten dekoriert, zwischen denen sich eine Reihe von Säulen mit aufgesetzten Quadraten befindet, die in ihrer Gesamtheit stilisierte Masken bilden. Am oberen Teil des Bogens sieht man den Ansatz eines Zackensimses. Ohne Zweifel wird dieses Monument als architektonisches Meisterwerk betrachtet und gilt als eines der schönsten Mayagebäude im Puucstil.

Der Bogen von Labna

Der Aussichtsturm

Dieses Gebäude führt die sogenannte "Aussichtsturmgruppe" an. Eines seiner herausragendsten Merkmale ist der seltsame, vier Meter hohe Zackensims, der zu seinen Glanzzeiten mit Stuck bedeckt war auf dem Adelige und Mayagottheiten dargestellt waren. Auf alten Zeichnungen der reisenden Forscher des 19. Jahrhunderts sind einige Überreste der Dekoration zu sehen, wie z.B. aus Stuck modellierte Menschenfiguren, die auf Konsolen stehen, die den Zackensims überragen.

Der Zackensims besteht auf fünf vertikalen Reihen mit rechteckigen Aussparungen. Diese Art von Zackensims, in Form von Kopfschmuck, wird "Hal-binseltyp" oder "fliegende Fassade" genant. Er geht auf das 8. Jahrhundert zurück. Der Aussichtsturm jedoch gehört zum frühen Puucstil, zwischen den Jahren 670 und 770 n.Chr.

Man hat sogar eine gewisse Ählichkeit zwischen diesem Zackensims und denen, die sich auf den Gebäuden der "Kirche" und dem "Chichanchob" in Chichén Itzá befinden entdeckt. Obwohl er einige ernsthafte Beschädigungen aufweist, bewahrt der Aussichtsturm noch immer seine Schönheit auf einem hohen pyramidenförmigen Sockelfundament, das einen inneren Gang hatte, der den Aufstieg zum oberen Tempel ermöglichte. Von diesem sind lediglich eine Kammer und der besagte Zackensims erhalten geblieben.

Das sich in nur 15 Kilometern Enfernung von Mérida befindliche Dzibichaltún vereinigt an einem einzigen Ort eine prähispanische Stadt, einen ökoarchäologischen Park und das Museum des Mayavolkes. Der Name "Dzibichaltún", der der Stadt 1689 gegeben wurde, bedeutet "Ort an dem es Schrift auf den Steinen gibt" (*dzib*: "Schrift"; *chal*: "flach" und *tun* "Stein"). Sie ist eine der ältesten Städte, da bekannt ist, dass sie vom Jahr 500 v.Chr. bis zum Jahr 1500 unserer Zeitrechnung existierte.

Der Ort dehnt sich auf einem Gebiet von 16,25 Quadratkilometern aus. Er ist die Achse einer der ausgedehntesten und bedeutendsten Zonen des nördlichen Mayagebietes, wo zur Zeit neues Licht in die historische und kulturelle Entwicklung der Mayas dieser Region gebracht wird.

In Dzibichaltún befindet sich das Museum des Mayavolkes, das am ebenfalls neuen Touristenrastplatz erbaut wurde. Hier sind auf der "Strasse der Monolite" und in den Ausstellungssäalen "von Kunst und Archäologie" und "Kolonialzeit" zahlreiche repräsentative Stücke zu sehen.

Insbesonderes ist hier die "Stele 1" erwähnenswert, die zerstört an der Pyramide des Zentralplatzes gefunden wurde. Diese besteht aus bearbeitetem Kalkstein und zeigt Flachreliefs des "krummnasigen Gottes Chaac". Auf ihrer linken Seite befindet sich eine Hieroglyphenreihe mit den Daten 457-716 n.Chr.

DZIBILCHALTÚN

Oben: Das Phänomen der Sonnenwende am Tempel der Sieben Puppen
Unten: Das Museum in Dzibilchaltún

Der Tempel der Sieben Puppen

Der Tempel der Sieben Puppen erhielt seinen Namen aufgrund einer späten Opfergabe aus sieben grossen Tonpuppen, die in seinem Innern gefunden wurden. Er ist auf einem pyramidenförmigen Fundament mit eingesteckten Ecken gebaut, die an dei Mayakonstruktionen des guatemaltekischen Peténgebietes erinnern.

Das Gebäude hat einen quadratischen Grundriss mit einer Kammer in der Mitte. Diese wird von einem überwölbten Gang umgeben, zu dem man auf der Ost-und Westseite über vierstufige Steintreppen gelangt. Das Dach der zentralen Kammer bildete ein Art Turm, der auf dem Gebäude stand. Dieser wies vier Zugänge und jeweils ein Fenster auf der westlichen, östlichen und südlichen Eingangsseite auf.

Der Tempel der Sieben Puppen

Eine vor kurzem gemachte Entdeckung ermöglicht es, das Äquinoktiumphänomen des Sonnenaufgangs zu erleben, wobei das Sonnenlicht in den frühen Morgenstunden des 21. September und 21. März exakt durch die Ost-West Türen scheint. Das Phänomen wiederholt sich später mit dem Mond, der ja auf der gleichen Bahn der Sonne folgt.

Im Innern fand man mehrere schwarze Graffiti an den Wänden und auf dem Boden des Gebäudes, die grosse Gesichter, eine stufiges Gebäude und Menschenfiguren darzustellen scheinen.

Die Struktur 12 mit Monolith

Die Struktur 12 mit Monolith

Diese viereckige Plattform befindet sich im Zentrum der breiten Terrasse, auf der die Gruppe der "Sieben Puppen" steht. In der Mitte erhebt sich ein Monolith, der wie vermutet wird, mit Stuckarbeiten dekoriert war und während der Glanzzeit Dzibichaltúns als Stele diente. Dort gab es einmal bis zu zwanzig glatte Monolithe.

Der Unterbau 38

Hierbei handelt es sich um eine Plattform mit einem seitlichen Zugang auf der Südseite, die seit Beginn der Spätklassik, so um das Jahr 600 n.Chr., bewohnt war. Sie befindet sich neben der zentralen Zone. Auf ihr errichtete man einen Wohnkomplex, von welchem lediglich ein vorderer und seitlicher Teil der vorherigen Konstruktion noch bestehen.

Unterbau 38

Struktur 44

Die Struktur 44

Diese kürzlich wiederaufgebaute grosse Struktur befindet sich auf der Südseite des Zentralplatzes von Dzibilchaltún. Sie ist die grösste des Ortes und mit ihren 130 Metern Länge auch eine der längsten des Mayagebietes. Ein anderer, von ihr gebrochener Rekord ist die Tatsache, eine der breitesten Treppen Mesoamerikas zu haben, die aus Steinblöcken und kleineren, sie verstärkenden Steinplatten besteht. Sie ist quadratisch und lang und weist abgerundete Ecken auf.

Ein kleines numerisches Detail am Rande: dieses Gebäude ist über 30 Meter länger als der imposante Gouverneurspalast in Uxmal, welcher 98 Meter lang, fast 12 Meter breit und achteinhalb Meter hoch ist.

Die Unterstruktur 45

Die Unterstruktur 45 ist ein enger, langer und 4,89 Meter hoher Raum, der von der Struktur 44 bedeckt wird. Sie gilt als eines der ältesten Gebäude Dzibilchaltúns und stammt möglicherweise aus der frühklassischen Periode (500 bis 600 n.Chr.). Die Fassade war ursprünglich rot bemalt und wies einen auffälligen Fries auf, der mit Pflanzenmotiven dekoriert war.

Dieses Gebäude wurde auf einer Plattform erbaut, die heute im Boden verborgen liegt. Auf der äussersten südlichen Seite wurde das Bauwerk später verstümmelt, damit es auf derselben Seite in die Struktur 45 passte. Das Gewölbe dieses Unterbaus ist aus Stein und zeigte an den Innenwänden einige einfache Zeichnungen oder "Graffitis", die Köpfe im Profil mit verlängerten Hälsen, Schlangen, Hände und andere Figuren darstellen. Diese wurden von den einheimischen Indios vor dem Auffüllen des Gebäudes mit Steinen zur Überdeckung durch die Struktur 44 angefertigt.

Unterstruktur 45

Der Cenote Xlacah

Der trügerische und transparente Cenote Xlacah ("altes Dorf" auf Maya) war die Süsswasserversorgungsquelle der Bewohner Dzibichaltúns. Es handelt sich um eine grosse, natürliche unterirdische Aushöhlung, die sich in der südostlichen Ecke des Hauptlatzes befindet. Mit über 40 Metern Tiefe ist er einer der schönsten und tiefsten Cenotes im Norden Yukatans.

Sein Grund ist geneigt wie ein spitzer Winkel, der flach ausläuft.

Der Cenote (der Name in Maya ist *dzonot*), der aussen Spuren von einigen kleinen von den Mayas errichteten Schutzmauern zeigt, bedeckt ein einförmiges, unregelmässiges Gelände von 40 Metern Länge auf der Ost-West-Achse und 20 Metern Breite von Norden nach Süden.

Cenote Xlacah

Oxkintok ist eine bedeutende archäologische Zone, die 70 Kilometer südlich von Merida, in Richtung Campeche gelegen ist. Sie befindet sich fast sechs Kilometer nördlich von Maxcanú und ist 30 Kilometer von Uxmal entfernt. Der Name stammt von den Mayaworten *ox* "drei", *kin* "Tag oder Sonne" und *tok* "steinern" und bedeutet demnach inetwa "drei steinerne Tage" oder "drei schneidende Sonnen". Seine Blütezeit geht auf die klassische Periode, zwischen den Jahren 400 und 700 n.Chr. zurück.

Der Ort bedeckt eine Fläche von 1200 Metern von Norden nach Süden und 1000 Metern von Osten nach Westen. Er besteht aus drei architektonischen Komplexen, die Dzib, May und Ah Canul genannt werden. Der zuletztgenannte Komplex ist aufgrund seiner Dimensionen und Anzahl der Inschriften gleichzeitig auch der wichtigste. Ein weiteres bekanntes Monument ist das sogenannte Tzat Tun Tzat (Das Labyrinth). Dieses Gebäude besteht aus drei übereinanderliegenden Ebenen. Auf der westlichen Seite befindet sich der einzige Eingang, der zu einer Reihe von engen, langen Räumen führt, die untereinander mittels kleiner Eingänge und schmaler Treppen verbunden sind, die zu mehreren Ebenen führen. Daher rührt der Name "Labyrinth".

Die Mayagruppe besteht aus mehreren Strukturen: die Struktur 1 oder "Die Pyramide" ist die höchste des zivilze-

Die Pyramide

remoniellen Zentrums. Sie besteht aus einem pyramidenförmigen Fundament aus abgestuften Körpern. Auf der Spitze steht ein Tempel mit zwei Räumen, zu dem man mittels einer Treppe gelangt, die gleichzeitig an vier Räumen, zwei oberen und zwei unteren, angefügt ist.

Die sogenannte Wohnzone bildet die Struktur 6, die zur Puuc-Architektur gehört. Dieses Monument steht auf einer rechteckigen Plattform. Die Struktur 7 der Mayagruppe wird aufgrund ihrer eingesteckten Ecken "Pyramide der abgerundeten Ecken" genannt. Diese charakteristischen Ecken sind das Ergebnis mehrerer Bauetappen. Das Fundament des Gebäudes ist pyramidenförmig und besteht aus drei abgestuften Körpern.

Im Nordosten befindet sich die sogennante Canul-Gruppe, bei der vor allem die Struktur 7 oder der "Ch'ich Palast" erwähnenswert ist. Sie besteht aus zehn Räumen und einer Fassade. Insgesamt bildet der Komplex fünf Gänge. Die ersten drei sind Teil des Säulenganges und die hinteren beiden weisen jeweils drei Zimmer auf. Die anderen zwei verfügen lediglich über zwei Räume.

Das "Pop-Gebäude" oder Struktur 3 ist rechteckig und besteht aus vier Räumen. Eine der Hauptmerkmale des Ortes sind seine hieroglyphischen Inschriften an mehreren Monumenten.

Die sich 40 Kilometern südostlich von Mérida befindliche Stadt Mayapán gilt als das wichtigste Zeremoniezentrum der Mayazivilisation vor der Ankunft der spanischen Eroberer. Obwohl es indianische Erzählungen gibt, die darauf hindeuten, dass Mayapán mit Uxmal und Chichén Itzá einen Dreierbund schloss, zeigten jüngste Forschungen, dass die Blütezeut Mayapans nach der der anderen beiden Mayastädte lag, hauptsächlich in der "Späte Postklassik" genannten Periode (1250 bis 1450 n.Chr.). Dort erreichte Mayapán seinen absoluten Höhepunkt, der die Herrschaft über mehrere Provinzen im Nordosten und Norden der Halbinsel ermöglichte.

Die neuesten Funde in Mayapán könnten mehr Information über das Alter dieses Zeremoniezentrums der Mayas liefern: es handelt sich um eine aus Stuck modellierte menschliche Figur, die einem Krieger ähnlich sieht.

Wie auch Chichén Itzá, zeigt Mayapán eine Mischung der architektonischen Maya-und Toltekenelemente. Das Hauptbauwerk z.B. ist die Pyramide des Kukulkán, in der Form einer Nachbildung des Schlosses von Chichén Itzá ist.

MAYAPÁN

Oben: Schnecke oder Observatorium
Unten: Der Nischentempel

Das Schloss von Kukulkán

Im Süden des zentralen Platzes liegt die grösste Struktur dieser prähispanischen Stätte: das "Schloss von Kukulkán". Es handelt sich um eine ungefähr 15 Meter hohe Pyramide aus neun abgestuften Teilen und Zugangstreppen auf jeder ihrer vier Seiten. Sie ähnelt dem gleichnamigen Gebäude in Chichén Itzá.

Die Treppensteine des nördlichen Sektors sind, ebenso wie die der Balustraden, im Puucstil gehalten. Jede der vier Treppen führt zum obreren Pyramidenteil, wo ein neun mal neun Meter grosser Tempel mit vier Eingängen steht, von denen lediglich der nach Noden gerichtete einen Zugang zum Gebäude ermöglicht.

Die Fassade weist zwei Säulen auf, die Spuren von Stuck und Schlangenmotiven zeigen, die den Steinmeisselarbeiten von Chichén ähnlich sind, was die Hypothese verstärkt, dass Mayapán während seiner letzen Periode von Kukulkán vor seiner Rückkehr ins Zentrum des damaligen Mesoamerikas gebaut wurde. Das Gebäude war mindestens zwei Bauetappen unterworfen: auf dem Geländer des Ostsektors sieht man

Detail am Schloss von Kukulkan

mehrere Treppenstufen, die zu einer Treppe im Unterbau führen. Dieser wurde beim Bau das heute zu sehenden Tempels teilweise zerstört.

Schloss von Kukulkan

Der Name Acanceh entspringt der Kombination von "*akam*" was auf Maya etwa soviel bedeutet wie "röhren" und *keh*, "Hirsch". Der Ort wurde deshalb "Hirschröhren" genannt, weil man dort, wo die Spanier Mitte des 16. Jahrhunderts ein Kolonialdorf gründeten, einen verwundeten Hirsch fand. Obwohl Acanceh bis zum Jahr 1500 n.Chr., d.h. bis zur Postklassischen Periode, bewohnt war, lag die Glanzzeit der Mayastadt in der sogenannten Frühklassischen Periode (300 bis 600 n.Chr.). Darauf folgte die Dekadenz der Bevölkerung, möglicherweise aufgrund der bevorstehenden Gründung einer anderen grossen Mayastadt im Jahr 1200 n.Chr. des nahegelegenen Mayapáns, der bedeutendsten Stadt der Region.

Auf dem Hauptplatz sind zwei Maya-Gebäude zu besichtigen: die Pyramide und der Stuckpalast. Beide gehören dem Zeitalter der Frühen Klassik an, obwohl auch Zeugen anderer im nachhinein existierender Kulturen angetroffen wurden, wie beispielsweise im Puuc-Stil gemeisselte Steine. Die Maya-Stadt Acanceh dehnte sich auf einem Gelände von vier Quadratkilometern aus, auf welchem annähernd 400 Gebäude aufgefunden und registriert worden sind.

Oben: Acanceh
Unten: Die Maske

ACANCEH

Ek Balam beudeutet in Maya "Schwarzer Jaguar" und stellte zu seinen Zeiten das wichtigste Zentrum der Mayas im Osten Yukatans dar. Seinen Höhepunkt erreichte es in der Spätklassik, zwischen 700 und 1200 (n. Ch.).

Ek Balam besitzt eine einzigartige und bisher noch nicht bekannte Architektur. Die Gebäude weisen verschiedene Baustile auf, die in Regionen wie Peten, Puuc, die Ostküste von Quintana Roo, das Gebiet um dem Fluss Bec und Chenes gefunden wurden. Aus dieser Kombination ging der neuartige und originelle Stil Ek Balams hervor, welcher diesen Ort zu einer einzigartigen Stätte in der Region der Mayas auserkor. Die Stadt wurde durch drei Stadtmauern mit insgesamt fünf Eingängen geschützt. Diese Eingänge liefen in fünf *Sacbés* (Weg in Maya) aus. Zwei Mauerketten umkreisten das zentrale Gebiet, auf welchem sich die Hauptgebäude befanden. Dazu gehörten das Wohngebäude, die Zwillingspyramiden und das Ballspiel. Der mächtigste Bau in Ek Balam ist die Akropolis. Diese Pyramide ist 31 Meter hoch, 160 Meter lang und 60 Meter breit, weist verschiedene terassenförmige Abstufungen und aufgesetzte Strukturen und Gebäude auf. Hier wurden so unglaublich wichtige Funde wie beispielsweise die Hieroglyphischen Schlangen gemacht, auf welchen der Emblemhieroglyph von Ek Balam dargestellt und damit auf die enorme Wichtigkeit dieser Stadt hingewiesen wird. Die Emblemhieroglyphen waren Herrschertitel und identifizierten jemanden als einen die Staat regierenden "himmlischen König".

Oben: Die Akropolis
Rechts: Emblemhieroglyph in der Akropolis

Detail der Akropolis

Die Akropolis

Die Akropolis befindet sich im Norden der Stadt und besteht aus einem Gebäudekomplex, welcher sich aus verschieden übereinandergebauten Gebäuden, einer grossen Anzahl an Gewölben, Aussentreppen und Gängen zusammensetzt. Hier wurden Stücke gefunden, die die höchst künstlerische Sensibilität der einstigen Bewohner Ek Balams widerspiegeln.

Das Ballspiel

In den Strukturen des Ballspiels wurde eine aus 90 Gefässen mit kleinen gebrannten Steinbällen sowie einem bemalten Stuckfries bestehende Opfergabe entdeckt. Auf letzterem ist eine auf einem Thron sitzende und einen Vogel in der Hand haltende hohe Persönlichkeit dargestellt.

Das Ballspiel

Cenote von Dzitnup

Der Cenote von Dzitnup

Die Cenotes, bzw. unterirdischen Flüsse sind Reservoirs von reichlich kristallklarem Wasser, deren Entstehung auf 65 Millionen Jahre zurückgeht, als Ergebnis der Kollision eines 10 Kilometer grossen Meteoriten auf der Halbinsel von Yukatan.

In 150 Kilometer Entfernung von Mérida, an der Bundesstrasse nach Chichén Itzá -Valladolid, lediglich 10 Kilometer von dieser wunderschönen Kolonialstadt entfernt, befindet sich der Cenote Dznitnup. Es handelt sich um ein unterirdisches Wasserdepot, das von einer schönen Grotte bedeckt ist. Das Wasser ist ruhig und von tiefblauer Farbe. Dieser Cenote war ein wichtiges Trinkwasserreservoir für die Menschen der Umgebung. Leicht zugänglich, ist er heute ein Ort zum Baden und zum Kauf von Kunsthandwerk.

Der Name Dzitnup, der von den Worten *dzit* "Einsiedler" und *mop*, eine Palmenart stammt, bedeutet also: "Ort der einsam gelegenen Palme".

Die Grotten von Loltún

In den Grotten von Loltún (*lol*: "Blume" und *tun*: "Stein", also "Steinblume") erfährt man etwas über die ältesten Bewohner des Mayagebietes; es ist z.B. bekannt, dass die ersten Menschen dort um die Jahre 9000 und 3000 v. Chr. lebten. Die Vorfahren der Mayas der Glanzzeit waren sammelnde und jagende Nomadenstämme.

Ebenfalls zu Loltún gehören die ersten Spuren von Keramik-und Töpferarbeiten der Zone, die gegen Ende der Frühen Vorklassik (3000-1000 v.Chr.) und der Mittleren Vorklassik (1000-400 v.Chr.) auftauchten. Einige Zeit später, in der sogenannten Späten Vorklassik (400 v.Chr. bis 300 n.Chr.) erschienen die ersten Arbeiten, wie etwa die ersten Wohnplattformen im Innern der steinigen Höhlen.

Im Innern der Grotten von Loltun

Als die Mayas zwischen den Jahren 300 und 1000 unserer Zeitrechnung damit begannen, Wohnplätze zu bauen, waren die Grotten nicht mehr die Lieblingsunterkünfte, sondern wurden zu Wasserversorgungsstellen.

Die Grotten von Loltún befinden sich 110 Kilometer südlich von Mérida. Ihre Ausdehnung beträgt ungefähr 800 Meter. Im Innern gibt es neun Höhlen mit Spalten für Luft und Sonnenlicht.

Zwei Eingänge bilden den Zugang zu den Grotten: der sogenante "Loltún" und der "Nahkab" oder "Bienenstock" genannt. Letzterer wird heute als Hauptzugang zur Zone benutzt. Auf der linken Eingangswand befindet sich ein Flachrelief, das eine Person mit Kriegsbekleidung darstellt.

Die Grotten von Balankanché

Diese Grotten liegen kaum sechs Kilometer von Chichén Itzá entfernt und man vermutet, dass die Mayas dort geheime Zeremonien abhielten. Sie wurden erst vor knapp 40 Jahren von einem Touristenführer in Chichén Itzá namens José Humberto Gómez entdeckt, der die Grotten als Hobby besichtige und erforschte. Am 15. September 1959 jedoch bemerkte er, dass eine Sektion einer der Kammern noch natürlichen Ursprungs zu sein schien. Beim genauerem Erforschen erkannte er, dass sie aus mit Stuck bedecktem Mauwerk bestand und den Zugang zu anderen, unbekannten Kammern verdeckte, die seit prähispanischen Zeiten unberührt geblieben waren.

Die Mayas, die diesen Kammern sicherlich grosse Bedeutung zumassen, hatten sie selbst zugemauert, um das was sich im Innern befand, zu schützen. Somit wurde eine der bedeutendsten archäologischen Entdeckungen der jüngsten Zeit gemacht, denn hinter der verschlossenen Wand befanden sich Unmengen von zeremoniellen Objekten und Artefakten, die an genau derselben Stelle lagen, an der sie viele Jahre zuvor von den antiken Bewohnern Chichén Itzás und der Umgebung niedergelegt worden

Im Innern der Grotten von Balankanche

waren. Dies war möglich, weil die Gänge seit ihres Verlassens verschlossen geblieben waren.

Balankanché bedeutet auf Maya "Jaguarthron". Der Name stammt von dem Wort *balam* was "*Jaguar*" bedeutet und gleichzeitig ein Ehrentitel für die Priester ist, und *canché* "Sitz" (*kan*: "hoch" und *ché*: "Holz").

Die Grottenbildung ist dem der Bildung der Cenotes ähnlich, allerdings dort wo der Grundwasserspiegel sehr tief ist. Aus diesem Grund bleiben die sich vor Jahrtausenden durch Filtrationen und Ablösungen gebildeten Höhlen trocken. Diese Grotten bedecken ein Gebiet von ca. einem Quadratkilometer. Es gibt nur einen Zugang und eine Reihe von Durchlässen, die 28 Meter unter der Erde bis zum Wasserspiegel reichen. Ab und zu werden diese Gänge von Kammern unterbrochen.

Gemäss der Objektanlyse der im Innern gefundenen Keramiken weiss man, dass die Benutzung der Grotte auf die Späte Vorklassische-Frühe Klassische Periode (300 v.Chr. 300 n.Chr.) zurückgeht und bis kurz vor die spanische Eroberung anhielt.

Ein besonders beschwörendes und inspirierendes Beispiel ist diese Stadt, die sich stolz am Rand des Meeres in der mexikanischen Karibik erhebt. Umbgeben von Festungsmauern –ungewöhnlich für die Mayas- beherbergt der Ort ca. 60 Strukturen mit eingentümlichen architektonischen Merkmalen. Die Stadt, die vormals *Zamná* hiess, wurde zeitweise von den Mayas Quintana Roos während des Krieges der Kasten in der zweiten Hälfte des 19. Jahrhunderts wiederbenutzt.

Der Name Tulum bedeutet dann auch "Festungsmauer, Schloss oder Einzäunung". Dem Anschein nach ist Tulum die einzige Stadt dieser Region, deren Mauern bis in die heutige Zeit erhalten sind.

Tulum erhebt sich über einem steinigen Abgrund, an den das karibische Meer schlägt. Seine Form ist ein rechtwinkliges Viereck, das an den Seiten und vorne von der Festungsmauer sowie hinten von der Steilküste abgegrenzt ist. Im Gegensatz zu anderen grossen Städten sind die Pyramiden Tulums eher klein und weder imposant noch beeindruckend. Der Besucher erhält jedoch den Eindruck einer Stadt, die genau auf den Geschmack der Menschen zugeschnitten ist, da sie von wunderschönen Stränden umgeben ist.

Oben: Generelle Ansicht Tulums
Rechts: Der Tempel des Windes

TULUM

Das Schloss

Im Jahre 1518 nannte der Eroberer Juan de Grijalva die Stadt Tulum ein Dorf "so gross wie Sevilla" mit einem Turm "so hoch wie ich noch keinen anderen gesehen habe". Dieser Turm war vermutlich das Hauptbauwerk dieser befestigten Stadt, nämlich das Schloss (castillo). Es steht auf einer breiten Plattform und seine Front ist ein Säulengang aus schlangenförmigen Säulen, die die Eingänge flankieren. Das Schloss steht an der höchsten Stelle der Stadt und beherrscht sowohl das Innere des von Mauern umgebenen Ortes als auch die steilen Felswände.

Soweit man feststellen konnte, war der mittlere Teil des Tempels aufgefüllt, so dass nur ein enger Gang zwischen der Füllung und der Hinterwand des ersten Zimmers blieb, in dem man Überreste von Wandmalereien fand. Im oberen Teil wird des Fries von drei Nischen unterbrochen, in denen Stuckfiguren stehen. Die zentrale Figur stellt den Herabsteigenden Gott dar, der häufig in Tulum zu sehen ist.

Das Schloss

Der Tempel des Windes

Dieses auch als "Struktur 45" bekannte Gebäude wurde auf einer natürlichen Unebenheit des Grundes erbaut. Sein Grundriss ist quadratisch und es erhebt sich auf einem Fundament mit abgerundeten Ecken. Im Zentrum schliesst eine einzige Tür die Zugangstreppe ab. Der obere Gebäuderand ist mit einem einfachen Obersims dekoriert, der aus zwei glatten Bändern ohne Verzierungen besteht.

Man nimmt an, dass dieses von trockenem und steinigen Boden umgebene Gebäude Kukulkán in seiner Darstellung als Gott des Windes (Ehécatl-Quetzalcóatl der Nahua) gewidmet war.

Die Gebäude dieses Typs bestehen aus Fundamenten mit abgerundeten Ecken; sie weisen einen oder mehrere Teile auf, die quadratische Tempel tragen. Auf rechteckigen Plattformen stehen Konstruktionen mit rundem Grundriss.

Diese Gebäude waren anscheinend dem Herrn des Windes gewidmet. Man sagt, sie seien deshalb so gebaut worden, damit ihnen nichts im Weg stünde. Zugleich wird aber auch vermutet, dass sie, vor allem auf dem Gebiet der Mayas, als astronomische Observatorien benutzt wurden.

Tempel der Fresken

Der Tempel der Fresken

Neben dem Schloss ist der Tempel der Fresken ein weiteres wichtiges Bauwerk in Tulum. Das ebenfalls Struktur 16 genannte Gebäude, deren Haupteingang vier Säulen aufweist, verdankt seinen Namen den an seinen Wänden entdeckten Wandmalereien.

Die Struktur besteht aus zwei Stockwerken. Das erste hat eine längliche Form und einen Säulengang, das zweite ist ein Altarraum. An beiden zeigt die Fassade im Zentrum ein Flachrelief des Herbsteigenden Gottes, der allgegenwärtig in Tulum ist und mit der untergehenden Sonne, dem Regen, dem Blitz und auch mit der Imkerei in Verbindung gebracht wird, weswegen er auch "Bienengott" (Ah Mucen Cab) genannt wurde. An den vier Ecken des Frieses befinden sich Masken, die Chaac oder Itzamná darstellen, sowie rote und blaue Pigmentreste.

Die im Innern zu sehenden, aufälligen Wandmalereien, die diesem Gebäude den Namen gaben, stellen von Schlangen, Eidechsen, Fischen und anderen Meereselementen umrahmte Gottheiten dar. Es scheint sich um eine Kukulkán gewidmete religiöse Zeremonie zu handeln.

Der Tempel des Herabsteigenden Gottes

Der Herabsteigende Gott ist eine häufig in ganz Tulum vorkommende Gottheit. Er wird in Beziehung zur untergehenden Sonne, zum Regen, zum Blitz aber auch zur Imkerei gesetzt, weswegen er ebenfalls *Ah Mucen Cab* oder "Bienengott" genannt wird. Das Gebäude ist ein kleines Monument aus einem einzigen Raum, das auf einer pyramidenförmigen Plattform steht. Die am Fundament leicht erweiterte Tür des Tempels, die einen eingesteckten Türsturz aufweist, führt zu einem schmalen überdachten Raum.

Auf der hinteren Mauer im Innern des Tempels ist eine etwas unscharfe Wandmalerei zu sehen, die an die des Tempels der Fresken erinnert. Trotz der Erosion sind noch einige horizontale und vertikale Streifen zu erkennen, die wohl umeinandergewundene Schlangen darstellen und zusammen eine Art Karierung bilden, die sitzende Frauenfiguren umrahmt.

Ausserdem sind auf diesem Wandgemälde andere sitzende Götter dargestellt, die Opfergaben von ihren Anbetern entgegennehmen. Am Fuss ist ein Band aus Jaguarfell zu sehen. Man glaubt, dass sich das gleiche Gemälde auf den Aussenwänden wiederholte: der geschliffene Sims war blau mit feinen Zeichnungen bemalt; der Vorsprung war in oranger Farbe gestrichen und von einer Art Rosette verziert.

Tempel des Herabsteigenden Gottes

Die als die grösste und eine der ältesten und wichtigsten prähispanischen Städte im Nordwesten Yukatans betrachtete geheimsvolle Stadt Cobá liegt knapp 50 Kilometer von der Küstenstadt Tulum entfernt. Ihr Name bedeutet "Wasser der Schreivögel". Sie ist von Urwaldvegetation und fünf schönen Lagunen umgeben, von denen zwei die sogenannten Cobá und Macanxoc sind. Cobá ist ausserdem durch eine ausserordentliche Ingenieurarbeit mit einem interessanten Strassen- und *Sacbé*netz mit anderen Mayastädten verbunden (insgesamt über 40). Einer von diesen, über 100 Kilometer lang, führt sogar bis nach Yaxcanú, das nur 20 Kilometer von Chichén Itzá entfernt liegt. Eines der architektonischen Hauptmerkmale Cobás ist die grosse Anzahl an Stelen mit kalendarischen Daten, die als das Gründungsdatum im Jahr 600 n.Chr. und ihrem Fortbestand bis 15. Jahrhundert ausgelegt wurden.

Es ist bekannt, das Cobá während seiner Glanzzeit ein grosses Gebiet beherrschte und Kriege mit Chichén Itzá anzettelte, um seine Vormachtstellung und Autonomie zu bewahren.

Oben: Die Kirche
Unten: Der Xaibe-Palast

Xaibe-Palast

Der Xaibe-Palast

Dieser kleine, auch *Xaibé* oder *Xai-Bé* (Wegkreuzung, von *xai*: "Kreuzung" und *bé*: "Weg") genannte Palast ist ein Gebäude, an dem vier *sacbés* zusammenfliessen. Diese Tatsache zeigt die grosse Bedeutsamkeit, die dieses Monument als "Treffpunkt" der Mayastrassen mit einer vielleicht mystischen und religiösen Bedeutung besass. Der Palast erreicht eine Höhe von 15 Metern und er befindet sich in der Mitte der *sacbés* 1,5,6 und 8 von Cobá.

Der Ballspielplatz

Diese bescheidene Konstruktion, die weit unter der Grossartigkeit anderer Ballspielplätze liegt, allen voran der Chichén Itzás, ist an die Ecke der weitesten Struktur Cobás, die als "Die Akropolis" bekannt ist, angebaut. Es handelt sich um eine grosse Plattform aus zwei Teilen, die aber wie ein einziges Fundament aussehen. Auf ihr befinden sich Reste von Strohhütten, jedoch kein einziges Gebäude aus Stein.

Ballspielplatz

Nohoch Mul

Nohoch Mul

Die "Nohoch Mul"-Gruppe weist als Besonderheit die Tatsache auf, die höchste Struktur des Ortes zu sein. Mit 42 Metern Höhe ist sie, sogar höher als das Schloss von Chichén Itzá, zumindest auf den ersten Blick.

Die Pyramide besteht aus sieben abgestuften Teilen und Schrägmauern mit eingesteckten und abgerundeten Ecken. Im oberen Teil des pyramidenförmigen Fundaments befindet sich ein Tempel, dessen Form an die Tulums erinnert. An der Fassade sind zwei der ursprünglich drei Nischen zu sehen. Auf ihnen sind Darstellungen des "Herabsteigenden Gottes" sichtbar.

Die Malereigruppe

Die Malereigruppe ist der dritte sehenswerte Komplex Cobás, wo man drei verschiedene Strukturen und dreizehn Altäre, insgesamt über zwanzig Gebäude, beobachten konnte. Die Gruppe gehört zur letzten prähispanischen Besetzungsepoche Cobás und weist mehrere architektonische und malerische Merkmale des sogennanten Ostküstenstils auf, der z.B in Tulum zu sehen ist.

Die Malereigruppe

Kohunlich ist ein Mayadorf im Süden Quintana Roos, etwa 70 Kilometer westlich von Chetumal. Er war ein Zeremoniezentrum, bei dem die herausragendsten Elemente die grossen Masken sind, die höchstwahrscheinlich Kinich Ahau oder Ah Kinchil darstellen. Diese verzieren die Fassade eines auf einem Erdhügel stehenden Tempels, der dann auch "Tempel der Sonne" oder "Pyramide der Masken" genannt wird.

Die fast drei Meter hohen, rotbemalten Antlitze zeigen den mit Bändern zugebunden en Sonnengott mit einem komplizierten Kopfschmuck als Verzierung. Sie weisen ebenfalls Nasenringe und das Symbol Ik (Wind) auf. Insgesamt acht Masken umgeben den Tempel zur Ehre des Gottes Kin; jedoch sind nur fünf davon sichtbar.

In Konhunlich gibt es ferner mehrere durch Tempel, Paläste und Plattformen abgegrenzte Plätze, die aufgrund ihrer Neigungswinkel und unterschiedlichen Ebenen ein eigenartiges Wasserleitungs- und Auffangsystem aufweisen. Hier sind unter anderem eine Akropolis, der Ballspielplatz und ein "von den Sternen" genannter Platz anzufügen.

Westlich der Akropolis befindet sich ein Komplex aus sieben Strukturen, die wie man annimmt, Wohnzwecken diente.

Heute kann man insgesamt über 20 Strukturen zählen, die von etwa 250 bis 500 Personen bewohnt worden sein könnten. Der Ort, dessen Blütezeit zwischen den Jahren 600 und 900 n.Chr. lag, beginnt gerade erst seinen Glanz zu zeigen. Man schätzt, dass mehr als 500 Erdhügel auf ihre Ausgrabung warten.

KOHUNLICH

Oben: Panoramablick von der Akropolis aus
Unten: Maske des Sonnengottes, Kinich Ahau

Die prähispanische Siedlung Xcaret ("kleIne Bucht") erlebte ihre Blütezeit während der Späten Postklassischen Periode unter dem Mayanamen *Pole.* Es ist bekannt, dass sie ein wichtiger Hafen für die Waren war, die von Küstenstreifen des karibischen Meeres kamen und für die, die nach Cozumel gebracht wurden. Einige Forscher vermuten, dass in der prähispanischen Epoche von dort aus die Kanus nach Cozumel in See stachen. Deshalb flossen an diese Ort die antiken *sacbeob* (Mayawege) zusammen. Unter den Mayas existierte der Glaube, dass das Wasser den Körper und die Seele zu reinigen vermochte, aufgrunddessen sie dort Zeremonien durchführten.

Entlang dieses Parkes gibt es mehrere Tempel und Pyramiden, von denen die Mehrzahl augegraben und befestigt worden sind. So kann man, inmitten der Urwaldvegetation des Ortes, noch immer Spuren prähispanischer Mayabauwerke entdecken.

Der Park von Xcaret bietet dem Besucher einen uralten heiligen Cenote, von wo aus der "Mayaspaziergang" genannte Rundgang seinen Anfang nimmt. Dieser ist etwa einen halben Kilometer lang und führt über einen unterirdischen Fluss. Man kann dort tausend Jahre alte Höhlen voller Korallen bewundern.

Aufgrund der Schönheit des Ortes und seiner prähispanischen Qualitäten, machte man aus Xcaret einen ökoarchäologischen Park, der den Touristen die Möglichkeit bietet, archäologische Stätten zu erforschen, in unterirdischen Flüssen zu schwimmen, zu schnorcheln und zusammen mit Delphinen im Wasser zu sein.

XCARET

Oben: Mayadorf
Unten: Unterirdischer Fluss

In 20 Kilometern Entfernung der Bundesstrasse Mérida-Campeche, an der Abzweigung zur Puucroute, liegt Edzná, eingebettet zwischen dem westlichen Teil der zentralen Hochebene und dem Bergland von Campeche, in einem weiten rebenen Tal tiefliegendem.

Der Ort hiess ursprünglich *Etzná*; von *etz* "Gesicht" oder "Grimasse" und *na* "Haus", also "das Haus der Grimasse" oder "der Gesten". Die Stadt bedeckt ca. drei Kilometer von Ost nach West und zwei von Nord nach Süd. Sie besteht aus grossen Gebäudekernen, die als die Zentrale Zeremoniegruppe, die Grosse Akropolis und die Gruppe der Alten Frau bekannt sind.

Edzná begann als ein kleines landwirtschaftliches Dorf zwischen den Jahren 600 und 300 v.Chr. Die Keramiken zeigen später, dass es einen fundamentalen Wechsel der Lebensführung gab.

Erst zwischen den Jahren 200 und 550 n.Chr. werden die ersten weiten Plattformen mit mehreren Gebäuden darauf, Wohnkomplexe und andere isoliert gelegene Konstruktionen errichtet. Sie alle wurden im architektonischen Peténstil erbaut. Edzná war ein bedeutendes Zeremonienzentrum und eine religiöse und Verwaltungsstadt von grossen Ausmassen.

EDZNÁ

Oben: Das Fünfstöckige Gebäude
Unten: Nordtempel

Das Fünfstöckige Gebäude

Das Fünfstöckige Gebäude

Diese Konstruktion ist bis heute die bedeutendste des Zeremoniezentrums. Ihr Grundriss ist fast viereckig, denn sie misst 58 Meter von Nord nach Süd und 60 Meter von Ost nach West. Im Westen weist sie ein leichte Verlängerung auf, die ihr die Form eines T´s verleiht.

Von der Westfassade aus betrachtet, zeigt das Gebäude eine Plattform mit leichtem Schrägbau von 1,60 Meter Höhe, die vertikal ausläuft. Auf ihr stehen vier abgestufte, abfallende Teile, die Galerien von Räumen von 4,60 Meter Höhe sind. Der letzte Teil ist ein Tempel bzw. Altarraum von fünf Metern Höhe, der einen sechs Meter hohen, durchbrochenen Zackensims aufweist.

Auf diese Weise erreicht das Bauwerk eine Gesamthöhe von 31 Metern. Es verfügt ebenfalls über eine zentrale Treppe, die zum Dach des vierten Stockes führt.

Der Ballspielplatz

Hierbei handelt es sich um einen Art verlängerten Korridor, der sich zwischen der Struktur 4 und einem noch nicht erforschten Gebäude, das vor diesem steht, befindet. Man vermutet jedoch, dass dieser Platz Teil des hinteren Plattformstückes der Struktur 4 ist und nicht das Ballspielfeld, obwohl natürlich nicht ausgeschlossen werden kann, dass in diesem Korridor Ball gepielt wurde. Allerdings ohne die Zielringe, die nämlich eine spezielle Konstruktion nötig machen.

Was die architektonische Form anbelangt, weist die Mehrzahl der Ballspielplätze die gleiche Struktur auf, mit dem Spielfeld in der Mitte und seitlichen Schrägfundamenten, auf denen eine Mauer steht, an denen manchmal Ringe angebracht sind, durch die der Ball gebracht werden muss.

Ballspielplatz

Aké, Yukatan

Archäologischer Ort in der Nähe von Mérida. Herausragend ist das Gebäude der Wandpfeiler, das seinen Namen aufgrund de 35 Pfeiler aus grossen Steintrommeln erhielt, die bis zu 4,5 Meter hoch sind. Es gibt ebenfalls eine antike Sisalhazienda.

Chacmultún, Yukatan

In dieser prähispanischen Stadt wurden drei ihrer vier Hauptgruppen auf Hügelgipfeln gebaut, wodurch die Monumentalität hervorgehoben wird. Aufgrund seines dekorierten Frieses sticht hier besonderes der "Cabal Pak" hervor.

Xkambó, Yukatan

Xlambó gehört zur Gemeinde Dzemul, in etwa fünf Kilometern Entfernung des Tourismuskomplexes Nuevo Yukatan. Diese archäologische Zone ist bereits Teil der ökotouristischen Rundfahrten durch den Norden des Bundesstaates.

Xlapac, Yukatan

Sein Name bedeutet "alte Mauern". Seine Glanzzeit lag in der Spätklassik (600-1000 n.Chr.). Unter den heute noch zu sehenden Überresten stechen besonders die Architektur der "Der Palast" genannten Struktur hervor, die mit Chaac-Masken dekoriert ist.

Yaxuná, Yukatan

Die Bedeutsamkeit dieser archäologischen Zone liegt darin, dass sie den längsten sacbé des gesamten Mayagebietes besitzt; einen über 100 Kilometer langen weissen Weg, der bis nach Cobá führt.

Becán, Campeche

Becán ist ein Beispiel für die grosse Entwicklung, die der architektonische "Río-Bec-Stil" durchmachte. Unter seinen Gebäuden ist insbesondere die Struktur IX erwähnenswert, die mit 32 Metern die höchste des Ortes ist. Die Blütezeit des Ortes lag zwischen den Jahren 550 und 830 n.Chr.

Calakmul. Campeche

Calakmul war eine der grössten Städte der späten Präklassik und der Klassik mit einer Ausdehnung von 70 Quadratkilometern. Sie liegt im Süden des Bundesstaates und weist eine grosse Anzahl (über 100) bearbeiteter Stelen auf, die reichgekleidete Personen darstellen.